세상의
모든 변화는
화장실에서
시작된다

세상의 모든 변화는
한 장실에서 시작된다

초판발행 2018년 6월 25일
초판 3쇄 2020년 2월 10일

지은이 조의현
펴낸이 채종준
기획 · 편집 이강임
디자인 김예리
마케팅 송대호

펴낸곳 한국학술정보(주)
주소 경기도 파주시 회동길 230(문발동)
전화 031 908 3181(대표)
팩스 031 908 3189
홈페이지 http://ebook.kstudy.com
E-mail 출판사업부 publish@kstudy.com
등록 제일산−115호(2000. 6. 19)

ISBN 978-89-268-8483-6 03310

세상의 모든 변화는 화장실에서 시작된다

글쓴이 **조의현**

차례

—

프롤로그

'화장실 칼럼'이
한 권의 책으로 나오기까지

다니던 회사의 업무와 연관되어 화장실과 더불어 생활한지 어느새 28년이 지났다. 그사이 변화한 세상사가 어디 한두 가지겠는가마는, 화장실만큼 국민들과 공감대를 이루며 변화와 발전을 한 예도 그다지 많지는 않을 듯싶다. 개인적으로는 운도 적지 않게 따라서 아름다운 화장실 만들기 국책사업에도 참여하고, 외국의 선진사례도 보급하며 부산을 떨었더니 자칭 타칭 '화장실 전문가'라는 별칭도 얻게 되었다.

그동안 화장실과 관련하여 수많은 글을 써왔다. 특히 2008년 9월부터 9년여에 걸쳐 문화시민운동중앙협의회 홈페이지에 120차례 연재한 '화장실 칼럼'은 마감도 없고 보수도 없었으나 스스로 좋아서 연재했던 글이기에 더욱 애착이 크다. 2년여 전부터는 그동안 읽은 화장실 관련 서적과 틈나는 대로 모아둔 관련 자료들을 다시 정리하는 기회가 생겨, 화장실이 인간의 생로병사는 물론 국가의 흥망성쇠 등 인간사의 모든 분야와 연관을 맺으면서 변화와 발전을 해왔으며, 인문학과도 관련이 깊다는 깨달음(?)을 얻게 되었다. 그러한 생각들이 화장실과 관련된 인문학적 자료를 수집하는 것으로 확장되어 상기 '화장실 칼럼'에 실렸고, 그 가운데에서 예상외로 큰 호응을 얻은 내용들이 모이고 정리되어 이제 한 권의 책으로 세상에 나오게 되었다.

'배설의 문화'를 포함한 화장실문화는 인류의 생존과 더불어 시작되었다. 그래서 빅토르 위고는 '인간의 역사는 곧 화장실의 역사'라고 말했고, 적극적인 화장실 옹호론자들 일부는 '문명이 문자와 더불어 시작된 것이 아니라 화장실과 함께 시작되었다'는 주장을 펴기도 한다. 실제로 로마 제국의 최전성기는 목욕시설과 더불어 화장실문화가 최대로 발전했던 시기와 일치한다. 수세식 화장실을 가장 먼저 발전시킨 영국은 곧바로 유럽 대륙의 나라들과 격차를 벌리면서 유럽의 강대국으로 등장했고, 이후 수세식 화장실 대량보급에 선구자 역할을 했던 미국 또한 세계의 최강국이 되지 않았는가. 반면 군사대국이었던 옛 소련이나 현재의 경제대국인 중국, 그리고 핵보유국이라는 북한을 문화선진국이라고 말하는 사람은 없으며, 이들 나라에서 화장실 문화의 발전이 뒤따르지 않았다는 공통점을 발견하는 것도 결코 우연만은 아닐 것이다.

화장실의 정의나 존재가치는 항상 동일하다. 인간이 배설한 분뇨를 묵묵히 처리하는 역할분담의 도구로서 앞으로도 인류문명과 함께 변화하고 발전할 것이라는 사실은 명백하다. 화장실에 관심과 애정을 가지고 화장실 문화를 발전시키는 국민, 기업, 국가가 앞서가는 문화시민, 일등기업, 문화선진국으로 자리매김할 것이라는 점 또한 분명하다. 그러기에 화장실을 청결하게 유지하면서 화장실 문화를 계속 발전시켜 나가는 일은 우리에게 주어진 과제이기도 하다. 아쉬운 부분이 남아있는 화장실 유지관리와 이용예절까지가 한 단계 성숙되어, 발전한 시설 수준과 삼위일체를 이룬다면, 우리의 화장실 문화도 또 하나의 한류상품으로 세계 곳곳으로 수출도 될 수 있지 않겠는가?

이 책을 통해, 사람들이 화장실과 보다 친숙해지기를 바란다. 가급적 전문적인 내용은 배제하였으므로, 읽다보면 행간에서 숨겨졌던 화장실의 진실들도 찾을 수 있고, 때로는 유쾌한 웃음도 배어나올 것이다. 그저 냄새나고 지저분한 공간으로 인식되었던 화장실이 어느새 따뜻한 우리 집 안방처럼 느껴지는 경험도 할 수 있을 것이다. 편안한 화장실 문화 속에서 일상의 행복을 찾을 수 있는 이웃이 많아지면 좋겠다는 소박

한 꿈을 꾸어본다.

그래서, 이 책이 독자들의 화장실에 한 권씩 놓이게 되면, 흥미진진한 이야기꺼리에 매료되어 즐거운 웃음을 짓는 중에 소화와 배설도 원활해질지 모른다. 욕심을 더해본다면 필자도 화장실 덕에 횡재한 최초의 인물로 소개되지 않을까 하는 엉뚱한 남가일몽을 상상해 보기도 한다. 더불어 많은 독자들이 오고 가는 여행길에서 책에 등장하는 아름다운 화장실들을 만나는 모습을 떠올리며 참으로 기분 좋게 웃어보기도 하고.

돌아보니 책이 나오기까지, 감사 인사를 전해야 할 사람들이 많다. 행정자치부 주무 부서를 거쳐 간 수많은 화장실 담당자, 서울시와 수원시를 비롯한 전국의 화장실담당 공무원들, 문화시민운동중앙협의회, 한국화장실협회, 화장실문화 시민연대, 세계화장실협회, 해우재 박물관 등 화장실 관련 민간단체의 임직원들, 화장실 업체 종사자, 전국 고속도로휴게소의 화장실 담당자 등 일일이 열거할 수 없이 많은 사람들의 도움과 조언들이 생생하게 뇌리에 스쳐간다. 그리고 한국화장실협회와 세계화장실협회를 창립하며 남다른 애정을 베풀어 주었던 고(故) 심재덕 회장과 직장 생활 중 부족한 필자를 무조건 믿고 지원을 아끼지 않았던 고 이부용 회장에게 남다른 고마움을 전한다. 특히 이회장은 이 글을 마지막으로 다듬던 2018

년 1월 초 지병으로 타계하여 안타까움이 더욱 크다.

책 제목을 정하는데 결정적 단초를 제공해준 CBS 〈세상을 바꾸는 시간 15분〉의 구범준 프로듀서, 9년이라는 긴 시간동안 칼럼진행을 도와 준 사무실의 김설희 팀장, 그리고 무엇보다도 출판계의 어려운 상황에도 불구하고 흔쾌히 출판을 맡아 준 이담북스에 감사를 드린다.

마지막으로 자료수집과 정리에 도움을 준 우리집 가족신문 〈비둘기집〉과 두 아들 영헌·영한 내외, 직접 모델까지 되어 준 손주 수하·수근에게는 물론 출판을 진행하며 난관에 부딪칠 때마다 용기를 북돋아 준 아내 '홍 똑'에게도 정성어린 고마움을 전하고 싶다.

2018년 5월 조의현

1

분뇨에
대하여

01

화장실을 탄생시킨
'위대한' 분뇨

분뇨(糞尿)를 순수 우리말로 바꾸어 보면 똥(糞)과 오줌(尿)이다. 오늘날에는 분뇨가 악취를 풍기는 폐기물로 분류되지만, 인류 역사에서 분뇨는 동서양을 막론하고 생활에 필요하며 나아가 신성하고 위대한 것으로 취급되어 왔다.

한자에서 똥을 의미하는 '분(糞)'은 '米(쌀 미)'자와 '異(다를 이)'자가 합하여 만들어진 글자로서, 우리의 입으로 들어간 음식(米)이 소화과정을 거쳐 다른 형태(異)로 배출된 것이 분(糞)인 것이다. 이렇게 해서 배출된 똥은 다시 거름이 되어 우리에게 일용할 양식을 제공해준다. 성경에도 "입으로 들어가는 것이 사람을 더럽게 하는 것이 아니라 입에서 나오는 그것이 사람을 더럽게 하는 것이니라(마태복음 15장 11절)"는 구절이 나온다. 입으로 들어가 뒤로 나오는 것이 더럽고 지저분한 것이 아니라, 사람의 마음에서 나오는 온갖 생각들이 인류에게 해악을 가져온다는 의미일 것이다. 똥을 신성하게 여긴 예는 유럽의 광인축제 등에서도 나타나는데, 이렇듯 인간과 짐승의 배설물을 종교의식 등에 사용하는 행위는 세계 방방곡곡에 있었다. 한 예로 유럽 일부 지역의 사람들은 인간의 똥과 오줌을 한데 버무려 최음제로 복용하기도 하였다.

분뇨는 종류를 막론하고 그것을 배설한 당사자에게는 말 그대로 똥 같은 물질이지만 다른 당사자에게는 대단히 소중한 것일 수 있다. 과학적으로 보더라도 인간의 배설물에는 원래 섭취한 영양분의 8퍼센트 까지가 남아 있다고 한다. 그래서 고대부터 분뇨는 농사에 필요한 천연비료로서 역할을 톡톡히 해왔으며, 사막의 쇠똥구리나 따뜻한 곳에서 사는 뿔파리 애벌레에게는 똥이 주식이 되기도 한다.

그 뿐만이 아니다. 인간의 분뇨는 모든 동물 중 인간만이 갖고 있는 '화장실'이 탄생하고 발전하는데 절대적인 역할을 해왔다. 인류가 정착생활을 시작하면서 발생하기 시작한 분뇨를 처리하기 위해 어떠한 형태로든 분뇨를 저장할 시설이 필요했다. 불가(佛家)에 연기설(緣起說, 조건이 모여서 일어나고 조건에 따라 변화한다)이라는 말이 있듯이, 동양에서는 일찍부터 분뇨를 농사에 필요한 거름으로 사용하는 방법을 찾았는가 하면, 분뇨를 폐기물로 취급한 서양에서는 위생적인 처리를 위한 방법을 찾아 화장실을 만들고 발전시켜왔다. 이렇듯 인간이 화장실을 만들고 발전시킬 수밖에 없는 조건을 조성한 분뇨에 대해 '위대하다'는 표현도 아깝지 않을 것이다.

◆ **분뇨를 구성하는 성분**

인간이 배설하는 분뇨는 크게 물과 고형성분인 유기물질로 구성되는데 대변은 77%, 소변은 94%가 수분이다. 대변의 경우 고형성분은 죽은 세균, 음식찌꺼기, 인산칼슘, 지방질, 단백질 등으로 구성되어 있다. 소변은 수분 외에 미량의 요소, 미네랄, 염분, 호르몬, 효소 등으로 구성되며 가장 좋은 색깔은 레모네이드 색이다. 일반적으로 바나나 모양으로, 단단하지도 않고 묽지도 않으면서 연한 황갈색으로 냄새가 없는 똥을 좋은 똥 또는 건강한 똥이라고 하는데, 그 양이나 형태, 색깔 등은 섭취하는 음식물의 종류와 장의 기능 등에 따라 좌우된다. 입을 통하여 섭취한 음식물은 위를 거쳐 약 9m의 여행을 마치고 항문을 통하여 배출되는데, 총 소요 시간은 24시간에서 48시간 정도가 걸린다.

대변에서는 세균 분해 작용의 부산물로 냄새가 발생하는데, 대장 안에 있는 세균의 종류와 먹는 음식, 나이와 건강상태 등에 따라 악취가 달라진다. 실제로 냄새를 유발시키는 물질은 고형성분에 포함되어 있는 인돌(Indole), 스카톨(Skatole), 황화수소 등이다. 이들은 단백질이 아미노산으로 변한 것으로 단백질이 많을수록 악취는 더 심해진다. 그래서 단백질 성분이 많은 육식류를 많이 섭취할수록 대변에서 풍기는 악취가 더 심하다.

02

분노는
어떻게 사용되어 왔을까?

농사에 필요한 거름으로 거름(비료)으로 사용된 것은 분뇨 최초의 용도이자 가장 일반화된 용도였다. 분뇨는 화학비료가 대량으로 생산되기 전까지 동양은 물론 유럽에서도 농사에 필요한 거름으로 사용되었다. 똥거름은 농작물을 살찌우는 단순한 비료 역할에 더하여 토양을 개량하는 역할까지 담당하였다.

고대 로마 최고의 시인인 베르길리우스는 기원전 30년경에 쓴 농경시에서 '밭에 똥을 뿌리는 것을 혐오해서는 안 된다'고 읊었다. 중국 송나라 때도 '분(糞)을 토양의 성질에 따라 달리 사용할 것'을 권하였다. 한 포르투갈 선교사의 일본여행기에는 '우리는 분뇨를 운반해서 버려주는 사람에게 돈을 주는데, 일본에서는 오히려 그것을 쌀이나 돈을 받고 판다. 부유한 사람들이 살고 있는 마을의 분뇨 값이 서민들의 것보다 비싸다'고 기록되어 있다. 우

똥장군과 오줌장군
분뇨는 화학 비료가 대량으로 생산되기 전까지 농사에 필요한 거름으로 사용되었다. 똥장군은 똥을 거름으로 쓰기 위해 옮길 때 사용하는 농기구이고, 오줌장군은 오줌을 담아 나르는 그릇이다.

리나라도 마찬가지였다. 조선후기 농업백과전서인『임원경제지』에 분양(糞壤)이라는 항목으로 분전법에 대한 자세한 설명이 등장하며, 옛 농촌에서는 '한 사발의 밥은 남에게 주어도 한 삼태기 똥과 재는 주지 않는다'는 이야기가 전해지고 있다.

각종 약제의 재료로 기원전 3,500년경 메소포타미아 문명을 꽃피운 수메르인은 현대 의학에서 사용되는 약의 제조법을 거의 다 개발했는데, 그 가운데 하나가 인간의 소변에서 약의 원료인 질산칼륨을 추출해 만든 수렴제(收斂劑)이다. 중국 북제 때의 권세가 화토개라는 사람이 상한(傷寒)이라는 중병에 걸렸을 때 한 의원은 인분에 즙을 내어 조제한 황룡탕(黃龍湯)이라는 약을 처방하기도 했다. 우리나라에도 '열이 높거나 조급증이 심하면 더운물에 똥을 풀어 먹인다' '악성종기도 똥을 초에 버무려 붙이면 하루 만에 근이 빠진다'는 등 똥으로 병을 고친 이야기들이 구전된다. 서양에서는 17세기 말『대소변으로 모든 병을 치유한다』는 책이 출간되기도 했으며, 일본에서는 건강을 위해 자신의 오줌을 복용하였다는 기록도 있다.

이렇듯 치료요법의 일환으로 인간의 배설물을 사용하는 풍습은 무수한 연구와 사색의 길을 열어놓았다. 이 분야의 자료수집전문가인 존 그레고리 버크는『신성한 똥』에서 '특히 약학에 관계된 자료를 집적하고 서로 비교하는 가운데, 나는 이 간단한 한 장(章)의 분량으로는 그 모든 것을 충분히 다루기 어렵다는 사실을 실감하지 않을 수 없었다'고 토로하기도 하였다. 미신적인 흔적부터 현대 의학에 이르기까지, 약제로서 똥과 오줌의 역할이 고금동서를 망라하고 무수히 많았다는 의미이다.

건강을 진단하는 자료부터 범죄수사의 한 방법으로 옛날 독일의 법령에는 의사가 환자의 배설물을 맛볼 의무가 있다는 규정이 있고, 우리나라에서도 조선 시대 어의들은 대변의 형태를 보거나 맛봄으로서 임금의 건강상태를 파악하고 약을 처방하였다. 현대 심상의학에서도 배설물을 분석해서 신체의 특성과 상태를 추정하려는 시도가 진행되고, 소변으로 임신 여부와 태아의 성별을 알아내는 방법을 연구 중이다. 오늘날 병원에서 실시하는 모든 신체검사에서는 대변과 소변을 채취하여 건강상태와 질병을 검사하는 자료로 활용하고 있다.

한편 오늘날 범죄수사에서는 현대 의학의 힘을 빌려 대변을 감식함으로써 범인의 특성, 생활환경, 항문질환 등을 감별하기도 한다. 질병의 원인을 찾는 것은 물론 범죄수사에까지 동원되는 분뇨는 우리 몸 안의 상태를 가장 잘 알려주는 최대의 정보원이라고도 할 수 있다.

생활과 미용에 필요한 재료로 고대 로마인들은 소변을 이용해 비누를 만들고 자신의 소변으로 치아를 닦았다. 치약과 구강청정제의 성분으로 쓰인 소변의 역할은 18세기까지 지속되었다. 우리나라도 조선 시대 말까지 여자들이 소변으로 머리를 감는 풍습이 있었으며, 에스키모 인들은 지금도 오줌을 이용해 머리를 감는다. 중국의 절세미인 양귀비는 아이의 오줌으로 목욕을 해서 매끄러운 피부를 가질 수 있었다고 전해진다. 고대 로마에서는 빨래하는데 소변을 사용하기도 했는데 당시 세탁소는 세제로 사용할 오줌을 조달하기 위해 공중화장실을 겸하기도 했다. 그 외에도 소변을 가죽의 무두질, 염색, 잉크얼룩 제거용으로 사용하기도 하였다.

비상시의 음료로 원래 배설물을 먹는 의식은 전쟁 중 적에게 완전히 포위되어 먹을 것이 차단되었던 역사적 사건들에서 유래한다. 구약성경에는 몇 차례나 성 안에 갇혀 고립된 상태에서 로마군에 맞서던 유태인에 관한 이야기가 등장하는데, '랍사게가 저들에게 이르되 내 주께서 성위에 앉은 사람들에게 너희와 함께 자기의 대변을 먹게 하고 자기의 소변을 마시게 한 것 아니냐(열왕기 하편 18장 27절, 이사야서 36장 12절)'는 기록이다.

이러한 사례는 실제로도 있었다. 제2차 세계대전이 끝날 무렵 미군을 피해 동굴에 숨어 있던 오키나와의 일부 주민들은 5일 동안 자신의 소변을 받아 마시며 목숨을 부지했다. 우리나라에서도 1995년 강원도 태백 지역 탄광에서 갱도가 무너져 갇힌 광부가 막장 안에서 자신의 소변을 마시면서 생명을 유지하고 4일 뒤에 구조되기도 하였다.

역사를 확인하는 자료로 역사학자들은 고대 유적지에서 발굴되는 똥의 화석인 분석(糞石, Coprolite)을 통해 당시 인류의 생활 상태나 환경을 알아내기도 한다. 19세기 후반 미국의 와이만이 세인트존 강의 담수에서 분석을 발견한 것을 시작으로, 캐나다의 고생물학자 칼렌과 기생충학자 카메레온이 화학적 방법을 이용하여 분석을 최초로 연구한 이래 아메리카 대륙의 고고학적 연구에 중요한 수단으로 발전해 왔다. 하지만 안타깝게도 우리나라에서는 아직 이 부분에 대하여 알려진 바가 없다.

전쟁의 무기로 분뇨는 무기로 사용되기도 한다. 조선 중종 때인 16세기 중반에 '변방에서 적들이 와서 우리 성을 치므로 이 기계로 막는 것이 좋겠으며, 인청(人靑, 糞)과 더러운 물건을 많이 저축

하였다가 적들이 올 때 이것을 내려 보내도 되겠습니다'라는 기록이 있다.

베트남 전쟁 때 베트콩 게릴라들은 똥이 상처를 감염시킬 수 있다는 점을 이용하여 대변을 묻힌 날카로운 막대를 땅에 묻기도 하였다.

비폭력적 투쟁의 수단으로 똥은 이데올로기나 문학적 논쟁에서 가장 많이 사용되는 투쟁 수단의 한 가지가 되기도 했다. 영국에서는 야당이 여당을 '똥 같은 체제'라 부르고 여당은 야당을 '똥 같은 놈들'이라고 부른 적이 있다. 사이버 혁명가들은 말을 통한 비방으로 만족하지 못할 때 배설물을 이용하기도 했다. 똥은 옛날부터 탄압당하는 자들의 무기였으며 비폭력적인 저항의 수단이 되기도 했다. 우리나라 국회에서도 비슷한 사건이 있었는데, 1966년 국회에서 한국비료공업 주식회사가 사카린을 건설자재로 가장해 밀수한 사건과 관련하여 대정부 질문을 하던 중에 김두한이 미리 준비해 간 분뇨를 국무위원에게 투척하는 기상천외한 장면을 연출하기도 하였다.

땔감과 에너지원으로 인도의 시골에서는 소똥을 두드려 원반모양으로 만들어 벽에 눌러 붙여 말린 뒤에 똥이 벽에서 떨어지면 땔감으로 사용한다. 인도에서는 소를 신성하게 여기는데, 소들이 싸는 똥의 25퍼센트 정도가 연료로 사용된다. 옛날 미국 서부에서도 정착민들이 마른 들소 똥을 땔감으로 사용하기도 했다. 오늘날 오수 발효 시설에서 발생하는 메탄인 바이오 가스는 대단히 값진 에너지원으로 인도, 말레이시아, 중국 등지에서 음식을 조리하기 위한 연료로 사용되며 덴마크와 미국에서는 전력 생산에도 이용된다. 르완다는 교도소의 대부분을 수감자들의 대변에서 나오는 에너지로 운영하는 유일한 나라이기도 하다.

때때로 종족번식의 도구로 토마토나 무화과의 씨는 사람이나 새의 소화계통을 통과하면서 분해되지 않아서 씨앗의 역할을 하며 종족번식의 도구로도 활용된다. 사람이나 새의 똥 속에 남아 있던 씨앗들이 밭이나 들판 등에서 뿌리를 내리는 것이다.

커피의 원료로 원숭이, 다람쥐, 사향고양이 등 커피 열매를 먹는 동물들의 배설물을 이용하여 커피를 만들기도 한다. 특히 사향고양이의 소화기관을 거친 커피콩으로 볶아 만든 제품은 자바커피 가운데에서도 가장 최상품으로 꼽히는데 안타깝게도 아직 대량생산은 불가능하다.

돼지의 먹이로 우리나라는 물론 중국과 동남아시아 지역에서 일반화되었던 돼지우리화장실은 돼지우리와 화장실을 통합한 시스템이라고 하겠다. 제주도의 '통시'가 여기에 해당한다. 가족의 분뇨를 별도로 치우는 수고를 덜 수 있고, 인분을 먹고 자란 돼지는 맛이 좋기로 유명하며, 다시 돼지가 배설한 분뇨는 농사용 거름으로 활용할 수 있다. 지금은 돼지우리화장실을 찾아보기 힘들지만 아직도 제주 흑돼지의 맛은 유명세를 타고 있다.

무병장수를 기원하는 상징으로 옛날부터 우리 조상들은 무병장수를 비는 의미에서 아기 이름에 '똥'자처럼 천한 글자를 넣었다. 조선 시대 세조의 원손 휘(諱)는 똥(糞)이었고, 고종과 황희 정승의 아명은 각각 개똥이, 도야지(都耶只)였다. 개똥(開東)이, 쇠똥(召東)이, 말똥(馬東)이, 똥개는 물론 뒷간이(厠間)도 있었다.

그런가하면 악취가 나고 지저분한 화장실에서 태어난 아기는 건강하게 성장하고 장수한다는 속설에 따라 뒷간에서 아이를 낳는 풍습도 있었다. 이 사례에 해당하는 실존인물이 있다. 외갓집 화장실에서 태어나 개똥이라는 별명으로 유년시절을 보내고 한국

제주도의 통시 돼지우리와 화장실을 통합한 시스템인 제주도의 통시를 밖에서 본 모습(왼쪽)과 인분을 먹고 자라는 돼지(오른쪽)이다. 통시의 돼지는 맛이 좋기로 유명하다.

화장실협회와 세계화장실협회를 창립해 초대 회장을 지낸 심재덕이다. 그는 '미스터토일렛(Mr. Toilet)'이라는 별명에 어울리게 자신이 지은 변기모양의 본가 '해우재'에서 생을 마감했다. 화장실에서 태어나 화장실에 관한 일로 일생을 마무리하고 화장실에서 영면한 최초이자 마지막 인물로 기록될 것이다.

03
—

분뇨에 관한
재미있는 이야기 — 생활과 역사 속의 분뇨

고대 로마 베스파시아누스 황제의 '오줌세' 고대 로마의 황제 베스파시아누스는 '벡티갈 우리나이(Vectigal Urinae)'라는 새로운 세금을 징수했는데 우리말로 하면 '오줌세'에 해당한다. 가십을 좋아하는 로마인들이 도마 위에 가장 많이 올려놓은 이 세금은 공중화장실을 이용하는 사람들에게 부과하는 것이 아니라, 공중화장실에 모인 오줌을 수거해 양털에 포함된 기름기를 빼는데 사용하던 섬유 업자들에게 부과했다. 오줌을 공짜로 사용해서 이윤을 낸다는 이유에서였다. 아들 티투스가 꼭 그렇게까지 해야 하느냐고 이의를 제기하자 베스파시아누스 황제는 아들의 코앞에 은화를 들이대면서 "냄새가 나지 않느냐?"고 물었다. 티투스가 "아무 냄새도 나지 않는다."라고 대답하자 황제는 다시 말했다. "(냄새가) 나지 않느냐? 이건 오줌세로 거둔 세금인데." 오늘날에도 유럽에서는 베스파시아누스라는 이름이 그 나라 공중화장실의 통칭으로도 사용되는데, 이탈리아에서는 '베스파시아노'라는 말이 고대 로마의 황제가 아니라 공중화장실을 지칭하는 게 보통이다.

북한의 '분뇨 소동' 2010년도의 이야기이다. 남북관계가 악화되면서 남한의 비료 지원이 중단되자 북한 정부는 인분을 비료로 사용하기 위해 '인분 수거운동'을 벌였다. 정부의 무조건적인 인분 수거에 북한 주민들은 '똥도 먹어야 싸지!'라며 반발을 하는가 하면 심지어 '똥 도둑'까지 생겼다고 한다. 중국 사람들의 대변은 노랗고 윤기가 있는 반면 북한 사람들의 똥은 시퍼렇게 죽은 색깔이기 때문에 북한 주민들은 아파트의 공용화장실을 들여다보면 중국 사람이 왔다 갔는지 금방 알 수 있다는 우수개소리까지 전해진다. 한편 중국에서는 분뇨가 중요한 거름으로 인식되어 마오쩌둥 집권 시기에는 분뇨가 개별생산자의 재산이 아니라 코뮌(Commune, 인민공사)의 재산으로 간주되기도 하였다.

효도와 '똥 맛'의 관계 중국 당나라 때 이연수가 동진왕조에 이어 양쯔 강 남쪽에서 흥망한 4개 왕조의 역사를 기록한 『남사(南史)』의 「금루전(黔婁傳)」에는 효를 실천하기 위해 분뇨를 활용한 사례가 씌어 있다. 금루의 아버지가 병을 얻었는데, 의사가 "병세를 알려면 똥을 맛보아 맛이 달면 병세가 심한 것이고, 똥이 쓰면 차도가 있는 것"이라고 하자, 금루가 즉시 아버지의 똥을 맛보았다는 내용이다. 그만큼 효가 대단했다는 의미이다. 우리나라 조선 시대에 편찬한 『오륜행실도(伍倫行實圖)』에도 '똥이 쓰면 곧 낫지만 달면 더 깊어진다'는 기록이 있는데 『남사』의 기록에 뿌리를 둔 것으로 전해진다.

브레즈네프의 대변이 필요했던 이유　옛 소련의 공산당 서기장 브레즈네프가 노르웨이를 방문했을 때의 이야기이다. 방문 직전 브레즈네프가 묵을 호텔의 내부 배관망을 수리하는 작업을 하게 되었는데, 이후 소식통에 의하면 브레즈네프의 건강 상태를 파악하는데 필요한 배설물을 얻으려는 서방 정보당국의 요청에 따른 것이었다. 이런 사례는 과거 미국과 소련을 중심으로 하는 현대 정보전에서 여러 차례 보고된 바 있다. 2018.4. 판문점 "자유의 집"을 방문했던 김정은도 휴대용 화장실을 갖고 왔던 것으로 전해지고 있다.

헤라클레스, 강의 물줄기로 똥 더미를 치우다　고대 엘리스의 왕 아우게이아스는 2,000마리의 소가 내질러놓은 똥을 30년간 방치해 놓았는데, 당시 추정치로 약 10만 톤의 쇠똥이 외양간의 바닥을 평균 1m씩 높였다고 한다. 외양간 청소를 하게 된 헤라클레스는 무식하게 삽부터 들이대지 않고, 가까이에 위치한 페네우스 강의 물줄기를 돌려 하루 만에 30년간 방치되었던 똥 더미를 말끔히 처리했다고 한다. 배설물과 오물 때문에 도로의 지면이 높아지고,

중세 도시의 지면이 수백 년을 거쳐 내려오면서 몇 미터씩 솟아올랐다는 기록은 여러 문헌에서 전하고 있다.

도둑이 똥을 싸는 이유   옛날부터 우리나라는 물론 프랑스, 일본 등 외국에서도 도둑이 남의 집에 몰래 들어가 도둑질을 할 때 그 집 마당 구석에 똥을 누면 잡히지 않는다는 속설이 있다. 이런 속설이 생긴 이유는 배변의 더운 기운이 식을 때까지 그 집 사람들이 깨지 않는다는 미신 때문이다. 도둑이 불안한 마음을 없애고 심리적, 정신적 안정을 얻기 위해서라는 이유도 있다. 그래서 어떤 도둑들은 똥을 눈 뒤 쟁반 등으로 덮어서 빨리 식는 것을 방지하기도 한다.

가장 비싼 똥과 가장 향기로운 똥   가장 비싼 똥은 미국 유타주 행크스빌에서 발굴된 23개의 화석화된 공룡의 똥으로 1993년 런던 경매에서 4,500달러에 낙찰되었다. 파충류의 식습관을 알려주는 정보의 보고가 된다는 이유에서이다. 가장 향기로운 똥은 짝짓기 하기 전 어린 여왕벌의 배설물인데 이 여왕벌은 방향물질로 다른 벌레들을 통제하기도 한다. 그런가 하면 가장 긴 똥에 대한 기록도 있다. 캐나다 앨버타에서 발견된 공룡의 똥은 길이가 64cm인데, 이것도 오랜 세월을 거치며 작아진 것이다.

변비의 세계기록   어느 영국 저널리스트가 기록한 바에 따르면 변비의 세계기록은 102일이다. 1808년에 10년 동안 만성 변비로 고생한 한 30세 남성은 평균적으로 20일에서 24일에 한 번씩 볼일을 보았다고 한다. 변비는 신체적 고통보다 심리적 고통이 심한 병으로 현대 의학에서는 5일 이상 변을 보지 못하면 변비로 규정한다. 참고로 정상인의 배변회수는 하루 1회가 기본이지만 개인차가 매우 커서 하루 3번 혹은 일주일에 3번까지도 배변의 정상범위로 인정된다.

시베리아 추크치족의 손님 접대 방식　시베리아 추크치족은 이상한 방법으로 손님을 접대하는데 자신들의 풍습을 자랑스러워한다. 이들은 손님에게 자신들의 아내를 제공하는데 손님은 역겨운 시련을 통과해야 한다. 손님과 밤을 함께 보내기로 한 부인이 자신의 오줌 한 사발을 권하면 손님이 그 오줌으로 자신의 입안을 깨끗이 헹구는 것이다. 기꺼이 감당하는 손님은 그때부터 환대를 받지만 그렇지 않으면 가족 전체의 적으로 간주된다. 점잖은 손님에게 정중히 아내를 제공하는 이런 풍습은 세계적으로 많이 확인되고 있다.

남자들도 함께 살면 배변 주기가 같아진다　여자들은 몇 달 같이 살면 월경주기가 비슷해지는데 남자들도 함께 살면 배변주기가 같아진다. 남학생 10여 명이 화장실 하나를 함께 쓰는 대학 기숙사에서는 이러한 현상으로 곧잘 문제가 된다. 재미있는 것은 배변주기가 같아지면 우정도 두터워진다는 장점도 있다고 한다.

서울대학교의 '대변 모집'　2014년 서울대학교 보건대학원 미생물 연구실은 교내에 '참여자들은 필히 대변을 제공해야 합니다'라는 이색 공고를 냈다. 미생물시험에 사용할 대변시료를 모으는 것으로 최근 6개월 내에 어떤 항생제도 투여한 적이 없는 20-40대의 건강한 성인으로 자격을 제한했는데, 공고 하루 만에 모집인원 30명을 모두 채웠다. 3만원 상당의 상품권이 걸려있었지만 자신의 대변을 제공해보자는 호기심에서 참여한 사람이 적지 않은 것 같다고 학교당국은 밝혔다.

똥의 이동이 만들어 낸 도시와 시골의 단절　세계 어디서나 도시가 시골에 비해 문명의 혜택을 먼저 받게 된다. 유럽의 분뇨 처리 과정을 보아도 도시의 악취가 시골로 운반되면서 도시와 시골에서 동전의 양면과도 같은 양상이 연출되었다. 시골로 운반된 도시의 오물이 밭에서 금(비료)이 된 것까지는 좋았다. 하지만 도시에서는 더이상 똥 냄새가 나지 않게 된 대신, 부르주아 계급에서는 돈 냄새가, 프롤레타리아 계급에서는 빈곤의 냄새가 나기 시작한 것이다.

　비슷한 사례의 시비는 우리나라에서도 일어났다. 위장전입을 반사회적 범죄로 규정지은 한 지방출신 국회의원은 절묘한 '변(便)론'을 발표했다. 'A는 대도시의 위성도시에 살지만 주소지는 대도시다. 그래서 변(便)은 위성도시에서 보면서 세금은 대도시에서 낸다. 수많은 A들 때문에 위성도시에는 치워야 할 변(便)이 싸여가지만, 정작 주민은 줄고 하수처리에 투자되는 돈이 늘어나 재정은 계속 부실해 진다. 결국 남는 건 재정파탄 뿐이다.' 역사는 언제나 비합리가 먼저 합리를 지배하면서 발전해 왔음을 화장실과 관련한 분야에서도 실감할 수 있는 경우라 하겠다.

04

예술에 등장하는
분뇨 이야기

분뇨는 문학작품을 포함한 예술 각 분야에서 주제로 사용된다. 프랑스 소설가 루이 페르디낭 셀린이 '똥은 미래가 있소. 당신은 알게 될 것이오. 언젠가 똥의 담론이 생겨날 것이라는 사실을!'이라고 간파했던 것처럼, 예술가들은 많은 생각과 고민 끝에 완성된 그들의 작품을 일종의 정신적인 배설물로 이해했던 듯하다.

집안을 크게 이룰 똥 동양의 고전『명심보감』가정관리 7계명에는 '집안을 이룰 아이는 똥을 황금처럼 아끼고(成家之兒 惜糞如金), 집안을 망칠 아이는 돈 쓰기를 똥 쓰듯 한다(敗家之兒 用金如糞)'는 내용이 들어 있다.

『걸리버 여행기』에 나타난 소변의 기능 유명한 소설『걸리버 여행기』에도 분뇨에 관한 이야기가 들어있다. '어느 날 밤 소설을 읽다가 잠이 든 시녀의 부주의로 왕비의 처소가 불에 타고 있었다. 그

전날 밤 나는 포도주를 잔뜩 마셨는데 그때까지 소변을 보지 않고 있었다. 불길 가까이 다가선 나는 곧 바지를 내리고 소변을 보기 시작했다. 불은 불과 3분 만에 꺼졌다. 모두 나의 소변 덕이었다(「소인국」편)', '시녀들이 내가 곁에 있다는 사실을 전혀 염두에 두지 않고 오줌을 누었는데 그들은 소인국 기준으로 1천 리터짜리 술통의 세 배가 넘는 요강에다 한꺼번에 2백 리터짜리 술통 2개 정도의 오줌을 누었다(「대인국」편)'.

동화 속에서도 보석처럼 빛나는 똥 오늘날 똥을 주제로 한 동화책도 수십 종에 이른다. 똥이 가진 생명력이 아이들의 동화 속에서도 유감없이 발휘되는 셈이다. 베스트셀러가 된 권정생의 『강아지똥』은 자신을 비하하던 강아지 똥이 어디선가 날아온 민들레 씨앗을 품고 거름노릇을 충실히 하여 민들레꽃을 피움으로써 세상의 모든 존재는 나름대로의 소중한 가치를 갖고 있음을 보여주는 작품이다.

전통의 해학 속에 나타나는 오줌 안동 하회탈춤에서는 아리따운 마을 처녀가 숲속에서 방뇨하는 모습을 어떤 스님이 숨어서 훔쳐보다가, 용변을 마친 처녀가 자리를 뜨자 손가락으로 처녀가 누고 간 오줌을 찍어 냄새를 맡으며 좋아하는 장면이 연출된다.

향기와 악취는 통한다 인간에게 꼭 필요하고 소중하며 위대하기까지 하다고 주장하긴 했지만, 분뇨에서는 냄새가 난다. 사람들은 특히 똥에서 심한 악취를 느끼고 기피하는데, 여러 자료를 종합해 보면 이런 악취는 대소변을 가려야 하는 시기가 되면서 대변 냄새가 악취라는 교육을 받기 때문에 느끼게 되는 것이라고 한다. 대변 냄새가 악취라는 것은 오로지 후천적인 교육에 의한 선입견이라는 말이다.

실제로 미각을 자극하는 몇몇 요리들은 대변 냄새와 비슷한 향을 갖고 있지만 세계적으로 미식가들의 사랑을 받는다. 우리나라 호남지방의 홍어 찜이나 동남아시아가 주산지인 과일 두리안에서도 대변 냄새와 비슷한 향이 풍긴다. 매혹적인 향을 풍기는 향수에도 대부분 대변 성분에 포함된 스카톨이 들어간다. 대변에서 나는 냄새의 주성분인 인돌은 고급 향수를 만드는데 없어서는 안 될 성분이며 향료의 왕으로 불리는 재스민 오일에도 들어있다.

결국 극과 극은 통한다는 진리가 향기와 악취 간에도 적용되는 듯하다. 실제 분뇨에서는 악취가 풍기고 난처한 경우도 발생할 수 있지만, 글로 쓰는 분뇨 이야기는 파고들수록 흥미로우며 향기까지 넘치니 얼마나 다행한 일인가.

2

요강
이야기

01

화장실보다 먼저 발전한
요강 문화

한 개인의 라이프 사이클로는 물론이고 화장실의 역사를 전체적으로 보더라도 요강 문화는 제대로 된 화장실 문화보다 먼저 발전했다. 인간의 생로병사 과정을 통해 보면, 간난 아기 시절에는 기저귀를 사용하다가 자라면서 요강 종류를 사용하고, 더 성장하면 화장실을 이용하게 된다. 역사적으로도 동서양을 막론하고 요강문화가 먼저 발전했고, 요강의 한계를 극복하기 위해 화장실 문화가 발전하게 되었음을 각종 문헌들은 전하고 있다. 요강이 게으름의 산물이라는 주장도 제기되고 있지만, 어쨌든 요강은 단순한 배변 도구에서 시작하여 재질이 다양해지고 예술성이 가미되면서 이용자의 사회적 신분을 나타내거나 권력을 과시하고 나아가 전쟁의 도구로까지 사용된 진기록을 남겼다.

요강이 언제부터 사용되었는지에 대한 정확한 기록은 없지만,

고대 그리스 역사가 헤로도토스가 남긴 이집트 여행기에 따르면 당시 이집트에는 커다란 구멍이 뚫린 나무 의자 밑에 나무상자나 질그릇을 밀어 넣어 쓰는 요강이 존재했다. 일반적으로 요강은 흙이나 나무로 만들었지만 단지를 요강으로 쓰기도 했다. 그리스인은 요강을 '들고 나르는 꽃병'이라고 표현했으며 로마인은 '틈새 의자'라고 했다. 고대 로마에서도 공중화장실은 있었지만 집에는 화장실이 없어 요강을 사용했다. 이런 풍습은 18세기 중반까지 계속되어 밤새 사용한 요강의 배설물을 창밖으로 버렸다는 기록들이 전해진다.

동양에서는 주로 소변을 보는 용도로 사용되던 간이식 변기인 '요강'이라는 그릇이 있었는데 중국에서는 호자(虎子), 일본에서는 수병(溲瓶)이라고 했다.

중국의 경우, 가장 오래된 요강은 한나라 때 소변단지인 호자이다. 중국에는 기린과 모양이 비슷한 린(麟)이라는 상상의 동물이 있었는데 이 성스러운 동물은 호랑이가 엎드려 고개를 들고 입을 벌리면 그 속에 오줌을 누었다고 한다. 이런 전설의 영향으로 소변기가 호랑이 새끼 모양을 하게 되었고 호자라는 말도 여기서 유래했다. 그 후 삼국의 한 나라인 위나라 시대에 나무를 파서 변기를 만들었는데 이것이 오늘날까지 일반가정에서 전해지는 마통(馬桶)의 효시가 되었다. 호자가 소변용이라면 마통은 대소변 겸용

마통과 호자 마통이라는 이름은 통을 이용해 배변을 하는 모습이 말 잔등에 앉아있는 모습과 비슷한데 서 유래되었다(왼쪽). 입을 벌리고 앉은 호랑이를 형상화한 남성용 소변기 호자는 중국과 우리나라에서 사용되었다(중간과 오른쪽).

이었다. 특히 마통은 우리나라의 요강처럼 처녀가 시집갈 때 챙겨 가는 주요 혼수품목이기도 했다.

우리나라의 경우 삼국시대에 백제와 신라에서 사용한 요강이 발견되었다. 백제의 호자는 남성용으로 중국의 호자를 변형시킨 것이다. 입을 벌리고 앉은 호랑이 모양을 형상화하여 다소 해학적 이면서도 백제인의 독창성을 보여준다. 여성용으로 알려져 있는 변기는 앞부분이 높고 뒷부분이 낮아 걸터앉기 편하게 되어있다. 신라의 호자는 분황사 터에서 출토되어 분황사호자 또는 월성호 자라고 불린다. 분황사가 창건된 7세기에 사용된 것으로 추정되 며 백제의 호자와 함께 가장 오래된 요강 유물로 평가받는다.

ⓒ오창원군

우리나라 요강 우리나라에서는 요강이 남녀공용으로 사용되었지만 모양에는 차이가 있었다. 남성용 요강은 백자 종류처럼 모양이 단조로운 것이 많았고, 여성용 요강은 꽃이나 각종 화려한 문양이 장식된 것이 많았다.

요강은 시대와 지역에 따라 익항(溺缸), 익(溺), 익강(溺江), 야호(夜壺), 오줌단지 등으로 불렸다. 점차 요강을 만드는 재료가 다양해지고 기술이 발달하면서 유기, 청동, 청자, 백자, 도기, 자기, 사기, 놋으로 만든 요강이 등장했고, 오동나무 속을 파서 옻칠을 한 요강도 만들어졌다.

중국과 일본의 요강이 남성용 위주인데 비해 우리나라 요강은 남녀노소 공용으로 사용되었고 손잡이가 없으며 배설구가 둥글고 넓어 특히 여성이 사용하기에 편리했다. 뚜껑도 있고 30-40여 년 전까지만 해도 중국의 마통처럼 신부의 결혼 혼수용품 목록에 반드시 포함되었다.

요강의 역할은
어떻게 진화해왔을까?

배변을 위한 도구로 동서양을 막론하고 요강은 화장실이 존재하지 않던 시절에 쉽게 배변을 할 수 있는 편리한 생활도구로 사용되기 시작했다. 고대 그리스에서는 인간의 게으름 때문에 요강을 사용하기 시작했다는 이야기도 전해진다. 초기에는 주로 여성과 어린아이들이 배변의 편리성 때문에 이용했지만 점차 남녀노소 모두 요강을 이용하게 되었고 특히 야간에나 병원에서 유용한 배변 도구로 활용되었다.

사회적 신분을 나타내고 권력을 과시하는 도구로 초기에 요강은 주로 부유한 사람들이 사용하였지만 때때로 사회적 신분을 나타내는 징표로도 활용되었다. 서민들은 질그릇으로 만든 요강을 사용한 반면, 신분이 높은 사람들은 자기로 만든 고급 요강을 사용하였고 왕족 여인들은 가마 속에서 소변보는 소리가 밖으로 들리지 않도록 비단으로 촘촘히 짠 비단 요강을 가지고 있었다. 고대 로마제국의 네로 황제는 금으로 된 요강을 쓰기도 했다.

그런가 하면 요강은 마치 왕좌처럼 권력을 과시하는 도구가 되기도 했다. 태양왕으로 불린 프랑스의 루이 14세는 요강에 앉아 친족들을 맞았고 다른 사람들이 지켜보는 가운데 요강에 앉아 업무를 보았다. 심지어 궁정생활의 새로운 규칙을 정하기도 했는데, 왕이 요강에 앉아있거나 옷을 갈아입을 때 왕을 만나거나 왕을 돕는 일에 참여하기를 희망하는 사람은 일종의 자격증을 얻어야 했다.

정치적인 알력을 표현하는 도구로 프랑스혁명이 시작되던 18세기 말에 영국에서는 바닥에 나폴레옹의 흉상이 그려진 요강을 사용해 프랑스와의 적대관계를 국민들에게 간접적으로 알리는 도구로 활용했다.

전쟁을 수행하는데 기여하는 도구로 제2차 세계대전이 진행되는 동안 심리전을 위한 각국의 선전활동은 일종의 예술이 되었다. 요강도 심리적 측면에서 전쟁수행에 기여했다. 유럽에서 발견된 연합군의 요강 겉면에는 히틀러의 사진이 있고, 안쪽에는 '내가 이런 꼴을 보다니!'라는 문구가 적혀 있었다. 독일과 싸움에서 이기기 위해 연합군이 만들어낸 일종의 자기최면이었다. 이런 사례는 요강뿐 아니라 두루마리 화장지에서도 발견된다.

요강은 전쟁 때 군수물자로 차출되기도 했는데, 일제강점기 시절 일본군은 우리나라 일반 가정에서 사용하는 놋요강을 강제로 걷어 전쟁용 무기를 만드는 원료로 사용했다.

부부싸움의 도구로 생활필수품으로서 요강은 부부싸움의 도구로도 활용되었다. 프랑스에서는 부부싸움을 할 때 부인이 요강을 무기로 사용하는 경우가 종종 있었는데, 유명한 화가 장 바티스트 그뢰즈의 머리에는 항상 아내가 던진 요강에 맞은 작은 상처가 남아 있었다고 한다.

해학과 창의력을 담은 공예품으로 역사가 흐르는 동안 요강의 변신도 계속되어 아름다운 공예품으로 발전했다. 중세 유럽에는 외설적인 문구가 씌어있거나 야한 그림이 그려진 요강을 결혼하는 사

요강에 그려진 그림 요강의 역할이 진화하면서 다양한 그림이 그려졌다. 18세기 말 영국의 요강에는 적대관계에 있던 프랑스 나폴레옹의 흉상이 등장했고(왼쪽), '요강을 사용한 일을 비밀로 해 줄 테니 깨끗이 사용하라'고 말하고 있는 해학적인 그림이 그려지기도 했다(오른쪽).

람들에게 선물하는 풍습도 있었다. 옆으로 쭉 째진 두 눈 아래 '내가 무엇을 보는지 네가 알까?'라는 글을 적은 요강도 있었고, 잉글랜드에서는 그림과 함께 '깨끗이 잘 사용하세요. 내가 본 것을 아무에게도 말하지 않을게요.'라는 글귀가 적힌 요강도 발견되었다.

한국의 요강 문화에 관심을 가진 일본의 화장실 유지관리 전문가 사카모토 사이코는 화장실 사진전시회를 기념한 연회에서 한국에서 구입한 도기로 만든 요강에 꽃을 꽂아 연회장을 장식하고 놋쇠로 만든 요강은 방문객의 명함을 넣는 그릇으로 사용하기도 했다. 요강의 새로운 용도로 자리매김할 만한 기발한 아이디어임에 틀림없다.

요강에 관한
재미있는 이야기 — 생활과 역사 속의 요강

새로운 예절과 문화를 창조한 요강 문화 유럽에서는 17세기까지도 요강을 사용했는데 밤새 사용한 요강 속의 내용물을 2층에서 창문을 통해 밖으로 버리는 것이 예사였다. 때문에 거리를 지나가던 사람들은 요강 속의 내용물을 뒤집어쓰는 것을 피하기 위해 갖가지 묘안들을 만들어냈다. 남녀가 같이 거리를 걸을 때 남성이 건물 바깥쪽으로 걸으면서 여성의 피해를 줄이는 습관이 예절이 되어 오늘날까지 전해지고 있으며, 오물을 뒤집어쓰는 피해를 줄이기 위해 남성들의 모자와 코트라는 새로운 패션이 등장하게 되었다. 17세기 최초로 등장한 하이힐 역시 오물투성이의 거리를 여성들이 드레스의 끝을 더럽히지 않고 걷기 위해 생겨난 산물임은 이미 독자들에게 널리 알려진 사실이기도 하다. 쇼핀느(Shopine)라고 불리었던 하이힐은 굽높이가 무려 60cm나 되었다. 길거리에 쌓이는 오물로 이렇게 굽 높은 신발(게다)이 등장하는 사례는 일본에서도 발견된다. 이렇듯 불편을 극복하기 위한 조그만 아이디어들이 수많은 시행착오를 거치면서 또 하나의 새로운 문화까지를 창조한다는 사실에 새삼 놀라움을 감출 수 없다.

부르달루 이야기 부르달루(Bourdaloue)는 18세기에 유럽 여성들이 사용하던 타원형의 소변용 용기 이름이다. 원래는 루이 14세 시대 궁정에서 탁월한 언어구사력으로 여러 시간에 걸친 긴 설교를 해서 이름을 날린 신부의 이름이었다. 그의 설교를 한마디도 놓치지 않으려는 수많은 여성들이 작은 용기를 준비했다가 소변이 급해지면 치마 밑에 숨겨 요강으로 사용했는데, 이것이 일반화되면서 부르달루 신부의 이름이 요강 이름으로 자리 잡게 된 것이다. 도자기부터 유리, 은, 가죽에 이르기까지 재료도 다양하였으며 남자들도 부르달루를 이용했다.

루이 14세와 나폴레옹의 요강 프랑스의 루이 14세가 사용하던 요강에는 바깥쪽에 황금색과 총천연색 새들이 새겨진 일본의 자연 풍경이 그려져 있었고 안쪽은 붉은색 에나멜로 칠했으며 앉는 자리는 푹신하게 속을 넣은 초록색 벨벳이 덮여 있었다. 역사적으로 가장 세련된 요강이라 하겠다. 한편 나폴레옹은 바닥에 그의 이니셜 'N'자를 새긴 순금요강을 사용했다. 1815년 유배지인 엘바 섬에서 돌아온 나폴레옹이 침대 밑에서 루이 18세가 미처 비우지 못하고 간 요강을 발견했는데 그 안에 'N'자가 새겨져 있었다는 흥미로운 일화도 있다.

뉴욕과 방콕 택시기사의 공통점 교통체증이 심각한 뉴욕과 방콕 시내의 택시기사들은 간이 소변기를 갖고 다닌다. 뉴욕의 택시기사들은 차에서 볼일을 볼 수 있는 유리단지를 가지고 다니며, 방콕에서는 러시아워 때 활용할 수 있도록 작은 소변기를 판매한다.

요강 청소는 자기수양에 기본이 되기도 존경받는 독립운동가 조만식 선생의 이야기다. 집안이 가난해 어린 시절 남의 집 머슴살이를 하게 되었는데 너무도 성실하여 주인이 대학공부까지 시켜주었다. 훗날 어려웠던 과거를 묻는 기자의 질문에 '주인의 요강을 정성들여 씻는 성의를 보이라'고 답했다. 남의 요강을 닦는 겸손함과 자신을 낮출 줄 아는 아량이 그를 그렇게 만들었던 것이다.

가장 지혜로운 요강 문화를 보유한 나라 게으름의 산물이든 편리함의 산물이든 요강은 화장실이 본격적으로 사용되기 전까지 인류 생활에서 필수적인 도구로 자리매김해왔다. 그런데 사용한 요강의 뒤처리문화를 살펴보면 흥미로운 사실을 발견하게 된다. 유럽에서는 요강에 가득 찬 내용물을 창문 밖으로 마구 버렸고, 중국에서는 밤새 사용한 마통의 내용물을 집 근처 강에다 버리고 강물로 마통을 씻었다. 반면 우리나라는 내용물을 화장실에 버리고 요강을 깨끗한 물로 씻어 보관했다가 다시 밤에 사용했다. 분뇨를 이용하는 방식뿐 아니라 청결을 유지하고 환경을 보호하는 측면에서도 우리나라의 요강 사용 문화가 다른 지역보다 한수 위였음을 보여준다. 새삼, 밤새 가득 찬 요강의 소변을 화장실에 버리고 아침마다 깨끗한 물로 닦아놓던 어린 시절의 추억이 떠오른다.

◆ 요강을 주제로 쓰인 시

동서양에서 공통적으로 나타나는 요강에 대한 인식은 문학작품에서도 찾아볼 수 있다. 요강을 주제로 쓰인 두 편의 시를 살펴보자. 성적인 내용이 담겼다는 공통점도 있다.

요강 덕분에 밤중에 드나들지 않고
편히 누운 자리에 가까이 있어 고맙도다
취객도 그 앞에서는 단정히 무릎을 꿇고
어여쁜 계집이 끼고 앉으면 조심조심 속옷을 벗더라
건강한 생김새는 안성마춤인데
솨-하고 오줌 누는 소리는 일련의 폭포수라
가장 공이 많이 가는 것은 비바람 치는 새벽이니
실로 요강은 모든 곡식의 거름이 되어 사람을 살찌게 하더라

　　— 우리나라 방랑시인 김삿갓의 작품

오만방자한 자여, 그대는 어찌 그리 뻔뻔스러운가?
여성들로 하여금 엉덩이를 내밀게 만들다니
우리는 왕과 왕비에게 공손히 무릎을 꿇는데
왕비 자신은 또 그대에게 몸을 굽힐 수밖에 없구나

　　— 프랑스 「파틀랭 영감의 익살주」(1480)의 한 대목

3

화장실
판타지

화장실은 어떻게 생겨나고
발전해왔을까?

화장실을 언제 누가 처음으로 발명했는지에 관한 정확한 기록은 어디에도 없다. 집요하게 유적과 유물을 발굴하면서 화장실의 기원을 추적해온 역사가들에 따르면 인류는 약 5,000여 년 전부터 화장실을 사용하기 시작했다. 기원전 3,000년경에는 메소포타미아 지역에 통일국가를 건설한 사르곤 1세가 자신의 왕국에 6개의 옥외화장실을 만들었던 흔적이 남아있다. 지중해의 크레타 섬에는 기원전 1,700년경 미노스 왕이 오늘날 수세식화장실의 원조라고 할 수 있는 '배설물을 물로 씻어내는 화장실'을 사용했던 유적이 남아있고, 기원전후에 유럽 세계를 지배한 고대 로마제국에서 목욕문화와 더불어 상류층을 중심으로 호화로운 화장실을 이용한 자료들이 발견되었다.

화장실 사용에 관한 이런 기록들이 남아 있긴 하지만, 원시 유목민들은 일반 동물들과 큰 차이 없이 자연 속에 배변을 하면서도 불편함을 느끼지 않으며 생활했고, 이후에도 동서양에서 모두 배변을 할 때에는 분뇨 구덩이나 요강을 사용하는 방식이 일반적이었다.

배변에서 발생하는 악취와 분뇨의 처리 방법이 필수적인 문제로 등장한 것은 농경사회가 정착되고 육식문화가 일반화되면서부터이다. 생물학자 라이얼 왓슨은 육식과 정착생활이라는 근거를 들어 인류의 화장실 문화가 시작되었을 것이라고 주장하고 있다. 농업이 생활의 주축이 되던 시대에 동서양을 막론하고 거름으로 활용하기 위해 분뇨를 모으고 관리하는 장소가 필요해짐에 따라 화장실이 생겨나고 발전하는 과정이 시작되었다는 것이다.

이후 역사 발전 과정에 따라 산업화가 진척되어 18세기 후반부터 산업혁명이 진행되고 도시에 인구가 집중되면서 화장실에서 풍기는 악취를 일상적으로 처리하는 문제가 대두하게 되었다. 특히 콜레라를 비롯한 각종 전염병이 창궐하게 되자 화장실의 위생 문제가 중요한 이슈로 등장했다. 때문에 유럽을 중심으로 하는 서양 세계에서 먼저 화장실의 개선과 발전이 이루어졌고, 인공비료가 등장하면서 분뇨는 자연스럽게 폐기물로 전락했다. 이런 과정을 거치며 최종적으로 등장한 것이 오늘날의 수세식화장실이다.

수세식화장실을 사용하면서 악취 제거와 위생 문제 등에 관한 급한 불은 껐지만, 물 낭비와 환경오염이라는 또 다른 문제들이 제기되었다. 특히 물 부족과 환경오염 문제가 심각한 지금의 상황에서 초절수 변기를 이용하거나 대소변을 분리수거해서 거름이나 연료로 활용하는 등 새로운 대안을 찾으려는 노력들이 나타나고 있다. 오늘날 우리가 편리하게 사용하는 수세식화장실은 화장실 역사의 종착점이 아니라, 개선을 위한 노력이 계속 이루어지고 있는 현재진행형 상태인 것이다.

02

화장실을 나타내는 이름과
화장실에 대한 인식

역사적으로 화장실은 지역마다 다르게 불렸다. 서양 문화권에서는 은폐된 공간이라는 의미를 가지면서도 완곡하고 은유적인 표현을 많이 사용했는데 예를 들자면 화장실을 '시인의 자리' '소년 소녀의 방' 등으로 불렀다. 그에 비해 동양 문화권에서는 한자의 영향을 받아 위치와 용도를 나타내는 좀 더 구체적인 표현이 많았다. 측(厠), 천옥(川屋), 혼(溷), 환(圜), 통시 같은 것이 사례이다.

이렇게 화장실 명칭은 시대와 국가마다 조금씩 다른 특징을 가지지만 화장실을 바라보는 시각과 느낌은 지역과 문화권에 상관없이 비슷한 부분이 있음을 알 수 있다. 먼저 화장실을 나타내는 표현 대부분이 음(陰)보다는 양(陽)의 느낌이 강하다. 그리고 화장실 문화가 발전하면서 단순한 배변 공간을 넘어 휴식과 여유를 취하는 공간을 의미하는 명칭이 많아진다. 화장실에 대한 인식이 동서양에서 모두 비슷한 과정을 거쳐 변화와 발전을 해왔다고 이야기할 수 있다.

화장실을 단순한 배변 공간으로만 보지 않는 인식은 화장실에 가는 행위를 표현하는 말에서도 찾아볼 수 있다. 서양 중세의 성

◆ 화장실을 나타내는 표준픽토그램

언어가 다른 만큼 화장실을 나타내는 명칭도 당연히 나라마다 다르다. 하지만 세계가 글로벌화하면서 국가 간 교류가 빈번해짐에 따라 전 세계인이 함께 인식할 수 있는 일종의 문자언어가 필요하게 되었고, 화장실도 이 범주에 포함되어 국제표준기구인 ISO(International Standardization Organization)에서는 화장실을 표시하는 국제표준 픽토그램(그림문자)을 정하여 전 세계인이 같이 사용할 것을 권고하고 있다. 특징은 양성평등 입장에서 남녀 그림의 색깔을 같은 것으로 정하고 있으며, 이를 기본으로 우리나라 한국기술표준원에서도 비슷한 모양의 국내표준 픽토그램을 제시하고 있다.

국내 표준   국제 표준

과 수도원에서는 화장실을 '필요한 곳'으로 부르면서 화장실을 찾을 때 남성은 '어디서 손을 씻죠?', 여성은 '어디 화장품을 바를 장소가 있을까요?'라고 물었다. 화장실에 갈 때 '장미를 꺾으러 간다'고 하거나, 영국 만국박람회에서 개량형 수세식변기를 공개하면서 사용료로 1페니씩을 받은 데서 유래하여 '1페니를 쓰러 간다'는 표현이 사용되기도 했다. 중국 명나라 때 죄수들은 화장실을 이용하고 싶을 때 '손을 풀어 달라'는 표현을 썼다. '철학자들과 친구들을 만나는 중요한 모임이 있다'는 표현도 사용되었다. 우리나라에서도 '급한데 좀 다녀오겠습니다' '잠깐 실례하겠습니다'라는 간접적인 표현을 사용하는 것을 볼 수 있다. 그런가 하면 미국인과 중국인들은 손가락을 이용해 소변보는 일을 1번으로, 대변보는 일을 2번으로 표현하기도 한다.

특히 우리나라에서 사용된 화장실 명칭은 생활의 지혜를 담고 있다. 우리나라에서 화장실은 뒷간, 변소, 화장실, 해우소 등으로 불린다. 뒷간이라는 용어는 '뒤를 보는 집'을 의미하며 1459년에 편찬된 『월인석보』에 처음 등장한다. 또한 '뒷마당 한쪽에 자리하는 집'이라는 뜻도 가지는데, 악취를 방지하고 화재를 예방하며 텃밭과 연결하기 쉽게 하려 했던 우리 조상들의 지혜에서 유래한 말이라고 하겠다.

변소(便所)는 '변을 보는 곳(便)'과 '편안해지는 곳(便)'이라는 의미를 가지는 말로 1941년에 영단주택(일명 문화주택)에 화장실이 집 내부로 들어오면서 일반화된 명칭이다.

화장실이라는 명칭은 1962년에 마포아파트에 세면기, 변기, 욕조로 구성된 화장실이 처음 나타나면서 사용되기 시작해서 1970년대 초부터 아파트 생활문화 정착과 함께 공식적으로 사용되었다.

한편 우리나라 사찰에서만 사용하는 해우소(解憂所)라는 명칭은 글자 그대로 '근심과 걱정을 해결하는 곳'이라는 의미를 담고 있

◆ 역사 속에서 화장실은 어떻게 불려왔을까

동양 — 한자문화권인 한국, 중국, 일본에서는 비슷한 명칭들이 사용되었다. 중국에서는 측간(廁間), 측실(廁室), 청방(圊房), 정방(淨房), 서각(西閣), 회치장(灰治粧), 변소(便所), 염세소(鹽洗所), 세수간(洗手間) 등으로 불렸다. 불교의 한 종파인 선종에서는 위치에 따라 이름을 다르게 불렀는데, 승방의 동쪽에 있는 화장실은 동사(東司), 서쪽의 것은 서정(西淨), 남쪽의 것은 등사(登司), 그리고 북쪽의 것은 설은(雪隱)이라고 했다. 일본에서는 가와야(川屋) 세이(圊), 도오수(東司), 사이죠(西淨), 고오가(後架), 죠오즈바(手水場), 간죠(閑所), 고후죠(御不淨), 벤쇼(便所) 등으로 불렸다. 한국에서는 측청(廁圊), 정랑(淨廊), 회간(灰間), 신간(燼間), 변소(便所) 등으로 불렸고 뒷간, 똥구덩, 칙간, 통싯간, 작은집이라는 명칭도 사용되었다.

다. 다솔사(多率寺)에서 처음 사용되었다는 설도 있고, 비구니들이 생활하는 동학사(東鶴寺)에서 사용하기 시작했다는 설도 있다. 그런가 하면, 통도사(通度寺) 극락암의 경봉스님이 나무토막에 글씨를 써서 화장실에 걸어놓은 데서 유래했다는 설도 있다. 어떻든 '뒤를 보는 일'을 '몸과 마음의 근심을 푸는 일'로 정의한 것인데, 해우소에 모인 인분을 거름으로 이용해서 사찰 식구들의 양식 근심까지 풀어주는 역할도 담당한다는 심오한 의미를 내포한 명칭이다.

유럽, 중국, 일본의 화장실 명칭을 보여주는 사례들.

서양 ― 사교의 방, 시인의 자리, 깡통, 존(남자용), 소년소녀의 방, 파우더 룸, WC(Water Closet), 토일렛(Toilet) 등으로 불렸다. 구멍 뚫린 의자, 배수의자, 달팽이, 향기 나는 가구, 옷을 단정히 하는 방, 서비스 룸 등으로 불리기도 했다.

우리나라의 화장실 명칭 뒷마당 한쪽에 자리한 집이라는 의미의 뒷간, 몸과 마음의 근심과 걱정을 해결하는 곳임을 나타내는 해우소라는 명칭은 오랜 생활의 지혜를 담고 있다.

동서고금을 통틀어 화장실을 일컫는 이름으로 이보다 더 의미 있는 명칭은 없지 않을까하는 생각이다.

03

화장실은
어떤 역할을 하고 있을까?

변을 보고 거름을 만드는 곳 인류가 화장실을 만들어 사용하게 된 기본적인 이유는 변을 보고 거름을 만들기 위해서이다. 중국을 비롯한 동양은 물론 서양에서도 농업이 주축이던 15-16세기까지 분뇨는 농가의 최고 자산이었다. 이후 산업화가 일어난 서양에서 수세식 변기가 등장하면서 거름을 만드는 장소로서의 역할은 서서히 사라지게 되었다. 동남아시아 등지에서는 화장실에서 돼지를 사육하기도 했는데, 돼지의 배설물까지 다시 거름으로 사용할 수 있다는 지혜에서 비롯된 것이라 하겠다.

휴식과 재충전의 공간 일반적으로 주택 안에 있는 화장실은 욕실과 함께 있고, 고속도로 휴게소의 화장실은 휴식과 재충전의 장소로도 널리 활용된다. 화장실에서 거울을 보며 기지개를 펴 보기도 하고, 특히 여성들은 용변을 보지 않아도 화장실에 들러 화장을 고치기도 하며 파우더 룸을 이용해 휴식을 취하기도 한다.

독서와 사색을 하는 장소 동양이든 서양이든 화장실은 독서나 명상의 장소로 활용되곤 한다. 어떤 사람은 화장실에서 하는 독서가 육체적인 배설을 정신적으로 채우는 자연스러운 행동이라고 주장하기도 한다. 중국 송나라 시대의 대문호 구양수는 좋은 생각이 잘 떠오르는 곳으로 마상(馬上), 침상(枕上) 측상(廁上)의 삼상사(三上思)를 꼽았고, 독일의 마틴 루터는 변기 위에서 신의 계시를 받고 종교개혁을 이끌었다. 대부분의 보통 사람들도 화장실에 갈 때 신문이나 잡지를 들고 가는 바람직하지 않은 습관을 가지고 있다. 이렇듯 화장실은 혼자 책을 읽기에 아주 적합한 공간이어서, 서양에서는 '개인적인 공간(私室)'이라는 의미를 갖는 'Privy'라는 단어가 화장실을 의미하는 말로 쓰이기도 했다.

정치와 커뮤니케이션이 이루어지는 장소 로마 제국 시대의 공중화장실은 대리석이나 석회판으로 만든 기다란 의자에 12개 정도의 구멍을 뚫고 여럿이 함께 앉아 배변을 하면서 자연스럽게 커뮤니케이션 장소로 활용되었다. 화장실 내부는 분수대나 조각상으로 치장되어 쾌적한 분위기 속에서 대화할 수 있었다. 이러한 화장실은 상류층 남성들만 이용할 수 있었기 때문에, 자연스럽게 정치와 사회 문제에 관한 의견을 주고받는 장소가 되었다. 상류 계층의 생활문화가 화장실에도 반영되었던 셈이다.

만남과 정보 교환이 이루어지는 곳 서울 어린이대공원 입구 화장실 앞에서는 유모차를 이용하는 방법 등 공원 안에서 필요한 각종 정보를 제공한다. 공원에 도착한 사람들은 일단 화장실에 들러 기본

◆ 역사 기록에서 찾은 화장실의 역할

조선시대 궁궐의 뒷간과 관련된 기록에서 찾은 화장실의 역할을 들여다보면, 화장실은 지배층과 관련될수록 음 (陰)의 경향을 드러내며 다소 부정적인 역할을 했음을 알 수 있다.

탈출구 "이자겸이 반란을 일으켰을 때 박심조라는 사람이 궁중의 뒷간 구멍으로 탈출해서 똥물을 뒤집어쓴 채 이자겸의 집으로 달려가 궁중의 사태를 알렸다."

핑계 "손중돈 후원의 일을 끄집어내자 연산군이 뒷간에 간다는 핑계를 대고 들어가 버렸다."

피신 "제1차 왕자의 난으로 정도전 등이 숙청당할 때 훗날 태종이 된 정안군이 뒷간으로 피해 들어갔다."

부정 "한 번 가까이 함에 드디어 사랑을 받게 되었고, 창가의 비천한 계집종도 궁액 (宮掖)에 올랐습니다."

저주 "저주방법은 모두 여맹에게 배웠습니다. 매화나무에 쥐 찢어 걸기, 남쪽계단에 죽은 고양이 두기, 뒷간에 발과 날개 자른 까마귀 두기 따위였습니다."

적인 용무를 해결하고 각종 정보를 얻은 뒤에 다시 이곳에서 만날 약속을 하고 나들이를 시작한다. 주말에 수원의 광교산을 오르는 등산객들은 아름답기로 소문난 '반딧불이화장실' 입구에서 만나 '볼일'을 보고 산행을 시작하기도 한다. 어떤 의미에서는 전쟁터에 임시로 마련된 군대 화장실도 정보를 교환하는 장소로는 안성맞춤이다. 정보라고 해 보았자 대부분 그렇고 그런 것들이기는 하지만.

교육과 수행의 공간 화장실은 적절한 유지관리와 올바른 사용 예절이 뒤따르지 않으면 금세 지저분해진다. 물과 전기를 절약하고 질서를 지키며 깨끗하게 이용하는 매너는 문화 시민이 일상적으로 지켜야 할 예의범절의 축소판이기도 하다. 그래서 화장실은 이러한 문화를 체험으로 배우는 교육의 장소이고, 어른들의 솔선수범과 어린이를 위한 조기교육의 중요성도 강조된다.

고대 불교의 한 종파인 선종(禪宗)에서는 화장실을 수행 공간으로 활용해 청소를 했고, 사찰 내의 화장실인 해우소를 '불교의 도장'이라 했다. 오늘날에도 일본의 일부 사찰에서는 수행 단계에 따라 청소하는 단계를 구분하는데, 건물 외부와 내부를 거쳐 수행이 더 진전되면 화장실을 청소하고 가장 높은 수행 단계에 있는 사람이 본당의 불단 청소를 담당한다.

공동체를 비추는 거울이자 잣대 화장실은 한 개인, 회사, 국가의 상태를 한 눈에 가름할 수 있는 거울이나 잣대가 되기도 한다. 화장실이 깨끗한 가정이나 회사는 틀림없이 평안하고 큰 문제가 일어나지 않는다. 세계 어느 곳을 가더라도 화장실 문화가 바로잡히지 않고 문화 선진국이 된 사례는 없다. 북한의 경우도 예외는 아닐 것이라 확신한다.

2000년대 초반 서울에 있는 음식점을 대상으로 화장실 콘테스트가 매년 열렸는데, 당시 "음식이 맛있기로 소문난 음식점의 화장실이 모두 깨끗하지는 않지만, 화장실이 깨끗한 음식점은 하나같이 음식 맛이 좋았다."는 심사평을 한 경험이 있다. 일본 증권회사의 한 컨설턴트는 회사를 평가할 때 화장실이 지저분한 회사에는 절대 투자하지 말라고 강조를 한다고 하니, 화장실 하나만 보더라도 회사 전체를 파악할 수 있다는 이야기이다.

지역의 랜드마크이자 관광자원 지방자치제가 발전하면서 각 지자체는 공중화장실을 특화하여 주민들에게 편의를 제공하고 랜드마크로 만들어 관광자원으로 활용하기도 한다. 일본에서 시작된 이런 추세는 우리나라에도 이어졌다. 화장실의 메카임을 자부하는 수원시는 '해우재(Mr. Toilet House)'를 시티버스의 운행코스에 포함시켰으며, 하수종말처리장과 연계해서 건축된 남양주시의 '피아노화장실'은 관광명소가 되어 매년 30만 명 이상의 국내외 관광객이 찾고 있다.

◆ '미스터토일렛' 심재덕과 해우재

외갓집 화장실에서 태어나 어렸을 때 개
똥이라는 별명으로 불리던 심재덕은 한국
화장실협회(KTA)와 세계화장실협회(WTA)
를 창립하여 초대 회장을 지내며 우리나
라 화장실문화운동의 대명사가 되었다.
그는 미스터토일렛이라는 또 하나의 별명
에 어울리게 자신이 살던 수원시 이목동
에 변기모양의 집 해우재(解憂齋)를 짓고

해우재에 설치된 심재덕 흉상

2009년 이곳에서 생을 마감하였다. 이후 수원시에 기증된 해우재는 화장실문화 전시
관으로 개관되어 수원의 랜드마크이자 하루 평균 800여 명 이상의 내외국인이 찾아오
는 관광자원으로 활용되고 있다. 마침 개관(2010) 이래 11년 5개월 만인 지난 3월 28일
에는 백만번째의 입장객이 탄생하는 기록을 달성하기도 했다. KTA와 WTA 본부도 해우
재에 있다.

화장실문화 전시관 해우재 전경(왼쪽)과 해우재를 관람하며 체험활동을 하는 아이들(오른쪽).

역사와 문명 발달의 척도를 파악하는 자료 역사가들은 기원전 3,000년경에 메소포타미아 지역에 존재했던 수메르 인들의 화장실 유적을 찾아냈다. 미국에서는 화장실 유적을 발굴한 결과 19세기 중반 뉴욕의 중산층이 쇠고기를 넣어 끓인 국, 생선, 감자, 과일 등으로 식사를 했던 사실을 알아냈다. 우리나라에서도 2004년에 전라북도 익산군 왕궁리 유적을 발굴하면서 백제 시대에 대형 수세식 화장실이 존재했음을 밝혀냈고, 일본 후쿠오카시 홍려관에서 발견된 화장실 유적이 백제 문화의 영향을 받았음을 추정하기도 한다. 이러한 사실 때문에 인류학자들은 화장실을 문명 발달의 척도로 생각한다.

생과 사의 장소 화장실에서는 탄생과 죽음의 역사도 일어난다. 탄생은 양(陽)적인 의미가, 죽음은 음(陰)적인 의미가 더 많다는 공통점을 갖고 있기도 하다.

우리나라에서는 화장실에서 태어나면 건강하게 자란다는 속설 때문에 의도적으로 화장실에서 아기를 낳은 사례가 많았다. 우리나라 화장실 발전의 대부인 고(故) 심재덕도 이런 이유로 화장실에서 태어났고, 독일의 황제이자 에스파냐 왕이었던 카를 5세도 1500년에 켄트의 한 화장실에서 출생했다.

그런가 하면 반대의 경우도 있다. 프랑스 왕 앙리 3세와 로마황제 헬리오가발루스는 화장실에서 살해당했으며, 유명한 가수 엘비스 프레슬리도 화장실에서 심장마비로 사망했다. 매일 규칙적으로 화장실을 이용하던 스코틀랜드의 왕 부르스는 어느 날 화장실에서 기다리던 정적들에게 공격을 받았으나 침입자를 죽이고 살아남은 일도 있었다. 이렇듯 화장실은 생사(生死)의 장소가 되기도 하지만, 또한 운명은 재천이라는 말이 화장실에서도 통하는 듯하다.

범죄가 이루어지는 곳 세계적인 도시 뉴욕에서는 화장실이 범죄의 소굴로 활용되어 지하철역 안에 있는 화장실이 거의 폐쇄된 적이 있다. 지금도 세계 곳곳의 화장실에서 폭력과 성폭행이 일어난다. 공중화장실 대변기 부스의 칸막이 위아래 공간이 생긴 이유도 범죄를 예방하기 위해서이고, 서울 강남 종합버스터미널에서는 변기가 막혀 수리를 하면 소매치기들이 버린 지갑 같은 물건이 발견되기도 한다. 이러한 범죄들은 시골보다는 도시에서 많이 일어나고, 선진화된 국가에서도 예외 없이 발생한다.

거사와 밀담의 장소 화장실은 예나 지금이나 비밀스런 이야기를 나누는 장소로 활용되었다. 의친왕의 딸인 이해경은 '일제강점기 시절, 할아버지(고종)는 일제당국의 눈을 피해 거사를 의논하기 위해 아버지(의친왕)와 단둘이 화장실에서 밀담을 나누었다'는 이야기를 전해 들었다고 한다. 2015년 8월 판문점에서 개최된 남북고위급 회담에서도 휴전선 지뢰 도발에 대한 북한의 시인을 받기 위해 북한측 대표를 모니터링 카메라가 없는 화장실로 불러 그들의 솔직한 의견을 듣는 방법을 사용하기도 했다.

생활의 터전 IMF 구제금융 사태 이후 실업자가 대량으로 발생하면서 서울역 지하도에서 생활하던 노숙자들은 밤에 화장실로 몰려가 몸을 씻고 옷을 빨고 추위를 피하기도 했다. 지방에 있는 공원 화장실은 젊은 연인들이 장애인 화장실에서 장시간 머무는 탓에 새로운 사회문제를 불러일으키기도 했다. 화장실이 깨끗해지고 냉난방 시설이 고급화되면서 자생적으로 발생한 화장실의 새로운 역할인 셈이다.

극한 상황을 표현하는 용어 여러 매체를 통해 전해지는 소식을 듣다 보면 화장실은 극한 상황을 나타내는 예시가 되기도 한다. 2017년 7월 청와대 경호실은 문재인 대통령의 여름휴가와 관련해 '양산 자택주변에 경호실 직원들이 상주할 공간은커녕 화장실조차 없다'는 표현을 썼다. 또 부정부패로 몰락한 이란의 팔레비 왕에 대한 비판적인 기사가 쏟아질 무렵에는 '전용비행기, 화장실도 황금으로 장식'한다는 등의 표현이 사용되었다.

서비스의 성공과 실패를 좌우하는 열쇠 2002년 한일월드컵이 성공적으로 마무리된 데에는 화장실 문화도 한 축을 담당했다. 반면 몇 년 앞서 꽃 박람회를 주최했던 누군가는 아이디어로 대박을 터뜨렸으나 화장실에 신경을 쓰지 않아서 화장실 앞에서 대기하는 사람들의 행렬이 텔레비전으로 방영되면서 똥바가지를 뒤집어썼다. 장사가 잘 될수록 화장실에 더욱 신경을 써야 한다. '똥 싸는 것에 대한 대책'이 고객을 위한 최대한의 서비스는 아닐지라도 최악의 서비스는 될 수 있기 때문이다. 특히 여성들은 화장실이 깨끗한 백화점이나 음식점을 선호하고, 고속도로를 이용하는 가족여행객들은 화장실 때문에 들리는 단골휴게소가 있다니 말이다.

04

화장실 선진국이
진정한 문화 선진국

에덴동산에서 아담과 혜와가 뱀의 유혹에 넘어가 하느님이 금지한 선악과를 따먹지 않았다면 화장실의 역사는 어떻게 바뀌었을까? 당시에도 화장실이 존재했을까? 화장실이 있었다 해도 악취나 환경오염 같은 문제는 발생하지 않았을 것이다. 그렇다면 화장실의 다양한 역할들도 무용지물이 되었을 것이고, 화장실을 개선하고 발전시키기 위한 수많은 노력들도 필요하지 않았을 터이다.

인간은 먹고, 자고, 싸기 때문에 살아간다. 특히 먹고(入, 食, Input) 싸는 것(出, 排泄, Output)이 균형을 이루어야 정상적인 삶이 유지된다. 그럼에도 우리의 일상생활은 온통 먹는 문화만 강조되는 느낌이다. 아침부터 밤까지 텔레비전에서 먹는 것을 다루는 프로그램만 흘러나오는 것을 보더라도 말이다. 하지만 사회가 선진화될수록 '먹는 것'과 '싸는 것'의 관계는 정비례해야 한다. 어떻든 들어간 것은 나와야 하는 법이니까.

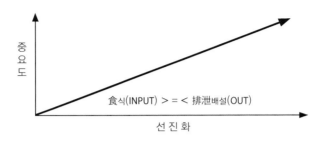

최근에는 집이라는 공간에 대한 개념이 점차 변화하면서, 집에서 하는 식사보다 외식이 많아지게 되었고, 그러면서 집 안에서 중요한 공간으로 여겨지던 주방, 침실, 화장실 가운데 주방의 중요성이 줄어들고 있다. 반면 화장실은 더욱 중요해지고 있다. 요즈음의 아파트는 규모가 아무리 작아도 화장실은 두 개 이상이고, 화장실을 개선해서 보다 더 편안한 상태에서 배설 문화를 만끽하려는 시도들이 젊은 세대를 중심으로 계속 늘어나고 있다. 그만큼 화장실의 중요성에 대한 인식이 생활 속에 자리매김하고 있는 것이다.

그런 만큼 화장실이 담당해야 할 역할도 계속 변화하고 확장될 것이 틀림없다. 생활패턴이 변화함에 따라 화장실도 용불용설(用不用說)의 원리가 준용될 것이라는 의미이다. 화장실의 부정적인 역할은 줄어들고 생활에 필요한 부가기능은 계속 추가될 것이다. 용변을 보면서 건강상태를 점검하는 기능은 이미 어느 정도 진척되고 있으며, 노인가구가 증가하면서 화장실에서의 안전 문제도 중시될 것이다. 어떻든 인류가 보다 안락한 상태에서 배변을 한다는 것은 누구에게나 득이면 득이지 해로울 것이 전혀 없기에, 화장실의 새로운 역할에 대한 기대도 자못 크다.

　우주가 탄생한 이래 화장실을 개선하기 위한 노력들은 계속되어 왔다. 역사적으로도 화장실을 먼저 발전시킨 나라가 당시 최고의 문명국이었음이 확인된다. 앞에서 살펴본 바와 같이 고대 로마의 최전성기가 그랬고, 수세식 변기라는 위생적인 화장실을 가장 먼저 발전시킨 영국이 이후 유럽 대륙을 호령하였으며, 현대식 위생 화장실을 대량으로 보급하는데 앞장섰던 미국이 경제와 문화 대국으로 세계를 지배했다. 군사대국 또는 경제대국임을 주장하는 옛 소련이나 중국의 화장실 문화를 보면 이 나라들이 문화 선진국이라고 말할 수 있겠는가? 화장실 문화가 업그레이드되지 않고 문화 선진국이 된 나라는 없다. '화장실 선진국이 문화 선진국'이라고 주장하는 이유가 바로 여기에 있다.

4

뒤처리기술과
화장실

01

화장지가 보급되기 전에
뒤처리는 어떻게 했을까?

인간이 용변을 본 후 뒤처리를 하게 된 건 언제부터였을까? 원시 인류가 용변을 본 다음 뒤를 닦았다는 기록은 어디에도 없다. 오늘날에도 고기만 먹어서 딱딱하고 둥글둥글한 대변을 보는 캐나다의 에스키모인이나 몽골 사막의 유목민은 뒤를 닦지 않는다. 심지어 50여 년 전인 1964년 영국에서 남성 940명의 속옷을 검사했는데, 거의 모든 속옷에서 많은 양의 대변 찌꺼기 때문에 생기는 오염물질이 발견되기도 했다. 실상 종이를 이용해서 뒤를 닦는 인간은 전 세계 인구의 3분의 1에 불과하며, 아직도 많은 사람들은 종교와 관습 때문에 뒤처리에 물을 사용하기도 한다. 그럼에도 용변을 본 후 종이로 뒤처리를 하는 것은 인간이 동물과 구별되는 특징이다. 뒤처리 방법은 각 민족이 처한 자연적 조건과 문화적 형편에 따라 달랐고, 여러 방법들이 구사되어 왔다. 초기에는 닦거나 씻어내기보다는 감추는 형태였다. 이후 여러 도구가 이용되다가 종이가 발명되면서 혁신적인 변화가 일어났다. 역사적으로 뒤처리 용도로 사용된 다양한 도구들을 살펴보자.

종이가 사용되기 이전의 뒤처리 도구들 종이가 사용되기 전까지 지역에 따라 많은 뒤처리용 도구들이 등장한다. 처음에는 가장 쉽고 편리한 방법으로 손을 사용했다. 아시아의 여러 지역과 이슬람 문화권에서는 왼손을 이용해 밑을 닦는다. 인도와 동남아시아, 힌두교를 믿는 지역에서는 손가락으로 닦은 뒤 빈 깡통에 물을 담아 손을 씻는다. 이때도 반드시 왼손을 사용하는데, 그래서 왼손을 '부정(不淨)의 손'이라고 부른다. 오늘날에도 태국의 대학졸업식에서는 국왕이 두 손으로 졸업장을 주면 학생은 왼손은 등 뒤로 돌린 채 오른손으로 졸업장을 받는다. 사우디아라비아 같은 사막 지대에서는 변을 보면 손가락으로 모래를 덮어 뒤처리를 하는데, 태양이 워낙 강렬해서 분뇨는 쉽게 증발하고 몸에 붙은 모래도 쉽게 떨어지기 때문이다.

손 외에도 다양한 도구들이 뒤처리를 하는데 이용되었다. 이집트에서 낙타를 타고 다니는 사람들은 돌을 주머니에 넣고 다니면서 뒤처리에 사용한다. 파키스탄의 모헨조다로 유적에서는 삼각형 모양의 흙판을 이용한 흔적이 나타난다. 무화과나무, 감나무, 떡갈나무의 잎이나 식물의 줄기를 사용한 경우도 있었다. 우리나라와 일본에서는 볏짚을 이용하기도 했고, 미국의 옥수수 재배 지역 농가에서는 1950년대까지 옥수수수염과 옥수수자루를 활용해 뒤처리를 했다. 우리나라에서는 집에서 기르는 똥개가 어린아이의 대변을 먹어치우고 항문세척까지 해 주었다.

밧줄도 빼놓을 수 없는 뒤처리 도구였다. 중국 남방지역에서는 화장실에 3개의 밧줄을 걸어놓은 뒤 줄을 잡고 변을 보고 그 가운데 하나를 골라 뒤를 닦는다. 화장실이 너무 깊고 아래에서는 돼지가 자라고 있는 구조에서 사용되었던 방법으로 날씨가 워낙 고온 건조하여 사용에 별 지장이 없다. 한편 아프리카에서는 강의 상류에 나무 말뚝 두 개를 박고 강물의 흐름에 따라 밧줄이 물 밑에 잠기도록 묶어 놓은 다음, 용변을 본 후 밧줄을 타고 뒤를 문질렀다. 밧줄에 묻은 오염물질은 고기떼가 와서 깨끗이 먹어치운다.

중세 유럽에서 수도사들은 낡은 천 조각이나 자신의 수도복 자락을 이용해 뒤처리를 했고, 왕실에서는 비단조각이나 거위 털을 사용했다. 지중해 연안의 여러 섬과 로마 제국에서는 해면과 해조가 뒤처리에 쓰이기도 했으며, 특히 로마에서는 스펀지를 막대기 끝에 달아 메어 사용하기도 했다.

나무를 활용한 방법도 다양했다. 중국과 일본에서 사용된 대나무 주걱과 나무 주걱은 백제 시대에 우리나라에서도 사용되었다. 중국에서는 뒤를 닦는 주걱을 칙주(厠籌), 칙간자(厠簡子), 정목(淨木)

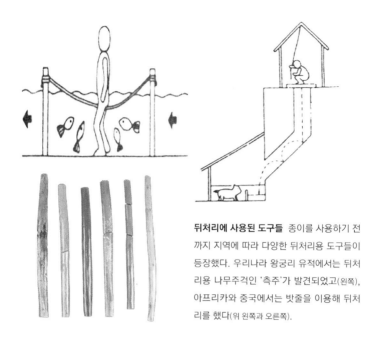

뒤처리에 사용된 도구들 종이를 사용하기 전까지 지역에 따라 다양한 뒤처리용 도구들이 등장했다. 우리나라 왕궁리 유적에서는 뒤처리용 나무주걱인 '측주'가 발견되었고(왼쪽), 아프리카와 중국에서는 밧줄을 이용해 뒤처리를 했다(위 왼쪽과 오른쪽).

등으로 불렀다. 우리나라에서는 왕궁리 백제 유적의 화장실 유적 터에서 길이 20cm 내외의 나무주걱(厠籌)이 다량 출토되었다. 나무 껍질도 활용되었는데, 네팔 등지에서는 나무껍질 두세 개를 겹쳐 사용했으며, 러시아에서는 17-18세기에 전나무를 작은 삽 모양 으로 만들어 사용했다.

뒤처리 도구, 종이의 등장 종이는 105년에 중국에서 채륜이 발명했다. 처음으로 종이를 이용해 뒤를 닦은 사람들도 중국인이었다. 실크로드를 통해 중국과 교역하던 아라비아 상인들은 '중국인들은 더러워서 용변을 본 후 물로 씻지 않고 종이로 닦는다'는 기록을 남겼다. 하지만 중국인은 특이하게도 문자가 쓰인 종이로는 뒤를 닦지 않았다고 한다.

종이를 만드는 기술은 8세기에 아라비아 세계로, 12세기 중반에 에스파냐로, 16세기 후반에 영국으로, 17세기 말에 미국으로

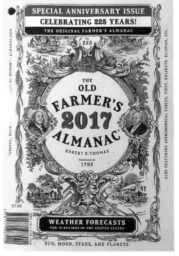

나이든 농부의 연감(Old Farmer's Almanac)
화장실 벽에 못을 박아 걸어놓고 사용할 수 있도록 구멍을 뚫어놓은 책이다. 읽을거리와 씻을거리라는 두 가지 용도로 활용할 수 있다.

전해졌다. 중국의 기술이 유럽과 미국으로 건너가기까지 무려 천오백년이라는 시간이 걸린 셈이다. 이후 미국과 유럽에서는 뒤처리용으로 신문지나 광고전단지가 사용되었는데, 특히 광고전단지는 무료로 제공되었으므로 돈을 받고 화장지를 팔아야 하는 화장지 제조업자들이 고생을 하기도 했다. '읽을거리'와 '씻을거리'라는 두 가지 용도로 카탈로그를 제작해서 인기를 얻은 회사도 있었고, 오늘날에도 못에 걸어놓을 수 있게 구멍이 뚫린 책(The Old Farmer's Almanac)이 출판되고 있다. 우리나라에서도 불과 40여 년 전까지 신문지는 물론 일력의 낱장이 훌륭한 뒤처리용 종이로 활용되었다.

02

화장실용 화장지는
어떻게 생겨나고 발전해왔을까?

화장지(Toilet Paper)라는 말은 1718년에 처음 등장했다. 아마도 당시에는 옷을 입거나 몸을 장식하는데 사용하는 귀한 물건을 가리키는 말이었을 것이다. 우리가 사용하는 화장실용 화장지(Toilet Paper, 두루마리화장지)는 1857년부터 생산되기 시작했다. 미국의 기업가 조셉 가예티가 낱장의 꾸러미로 묶은(500장의 패키지로 판매) 화장지를 상점에 내놓은 것이다. 하지만 소비자들의 반응이 냉담해 자취를 감추었다. 당시에는 무료로 얻을 수 있는 광고전단지 등이 화장실에서 읽을거리로 인기가 많았고, 미국인들은 화장지를 사기 위해 돈을 지불하는 것에 저항감을 가졌다. 1879년에는 영국에서 잘 끊어지게 만든 두루마리 형태의 화장지를 내놓았으나 화장지의 필요성이 일반에 인식되는 데는 10년 이상의 세월이 필요했다. 당시 영국은 빅토리아시대여서 화장실과 연관된 모든 것들을 입에 올리는 것조차 꺼려했기 때문이다.

이 무렵 미국의 스코트 형제는 가예티가 실패한 화장지 사업을 다시 시작했다. 이들은 생활필수품이자 1회용품이라는 점이 화장지 사업을 성공시키는 조건이라고 생각하고 수많은 연구를 거쳐 그러한 조건을 갖춘 상품으로서의 '화장지'를 만드는 데 성공한다. 1880년대로 접어들면서 각 건물에 싱크대와 수세식 변기를 소화할 수 있는 배관시설이 갖추어진 것도 성공의 배경이 되었다. 수세식 화장실 설치가 일반화되면서 화장실용 화장지의 수요도 늘어났다. 스코트 형제가 만든 화장지는 작은 두루마리 형태였는데, 처음에는 상표도 없이 '왈도프 티슈'라는 이름으로 불리다가 '스쿼티슈'라는 상표를 인쇄하게 되었다. 이들의 사업이 대단한 성공을 거두면서 화장지의 시장 규모도 엄청나게 커졌다.

1880년 이후 뒤를 닦는 종이를 생산한 독일에서는 1896년에 브리티시 페이퍼 컴퍼니 올콕사가 처음으로 두루마리 화장지를 판매했다. 1920년대가 되어 한스 클렌케가 두 겹의 두루마리 화장지를 광고하기 시작했으며, 1927년에는 세 겹으로 이루어진 상품을 선보였다. 이렇게 화장실용 화장지가 등장하면서 사람들은 보다 세련된 화장실 문화를 누릴 수 있게 되었다.

그리고 20세기가 시작되자마자 스코트 형제의 화장지 제조공장에서 공정상 실수로 지나치게 크고 주름이 잡혀 화장지를 만들기에 부적합한 불량품 두루마리가 발견되었다. 반품하려는 순간 한 사원이 "이 두꺼운 종이를 작은 수건 크기로 잘라서 사용하면 어떨까"라는 제안을 했고, 여기에서 새로운 상품인 '종이수건(Paper Towel)'이 탄생했다. 이 상품도 처음에는 소비자들에게 큰 반응을 얻지 못했지만, 지속적인 상품 개발과 가격 인하 정책으로 위생적인 면과 경제성에서 인정을 받아 1930년대에 '스코트 타월'로 사랑받게 되었다. 생산 라인의 작은 실수에서 비롯된 불량품을 창의적으로 바라보는 아이디어가 또 하나의 상품을 탄생시킨 셈이다.

오늘날 1회용 손수건으로 애용되는 '크리넥스 티슈(Kleenex Tissue)'도 처음부터 이런 용도로 개발된 건 아니다. 제1차 세계대전이 시작된 1914년에 당시 절대적으로 부족한 면을 대체하기 위해 킴벌리-클락(kimberly-Clark)이라는 회사에서 흡수력이 강한 '셀루코튼(Cellu Cotten)'이라는 신소재를 개발했는데, 군대의 야전병원에서 외과용 붕대로 인기가 높았다. 전쟁이 끝나고 재고가 쌓이자 화장을 지우는 미용제품으로 활용되어 할리우드와 브로드웨이의 배우들 사이에서 유행하면서, 일반 소비자들이 1회용 수건으로 만들어 팔 것을 제안했다. 여기에 1921년 발명가 앤드류 올슨이 자동으로 휴지가 튀어나오는 상자를 고안했고 이후 개량이 계속되어 1936년에는 용도가 46가지로 확대될 정도였다. 이렇게 해

◆ 화장지 대체 상품 비데(Bidet)의 탄생

비데는 18세기 중엽부터 유럽 귀족사회에서 등장했다. 프랑스어로 당나귀나 말을 의미하는데, 비데를 사용할 때 모습이 당나귀나 말을 타고 앉은 모습과 비슷한데서 비롯되었다. 초기에는 고급호텔 등에 일반 서양식변기와 나란히 설치되었고, 일반인들은 사용법을 몰라 많은 실수와 에피소드를 만들어냈다. 프랑스를 비롯한 유럽에서 비데는 오랫동안 사회 계층을 구별하는 수단이 되기도 했다.

비데는 기본적으로 '씻어내는' 문화에 뿌리를 두고 있다. 많은 시행착오를 거친 뒤 일본의 대표적인 변기 제조회사 '토토(TOTO)'가 일반 변기에 장착할 수 있는 비데를 발명했고 대량생산이 이루어지면서 가격도 인하되었다. 위생과 편리성이 인식되면서 비데 문화는 일반에 널리 보급되었다. 비데 기술이 끊임없이 발전하면서 온수가 공급되고 시트 보온까지 가능해졌으며, 지금은 비데일체형 변기가 보급되어 일본 가정의 72퍼센트가 비데를 사용하고 있다. 우리나라에서도 일반 가정은 물론 공중화장실에 비데가 보급되고 있다.

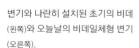

변기와 나란히 설치된 초기의 비데
(왼쪽)와 오늘날의 비데일체형 변기
(오른쪽).

서 '크리넥스 티슈'라는 단어가 '킴벌리-클락'의 고유브랜드 이름이 아니라 화장지라는 보통명사의 반열에까지 오르게 되었다.

수세식 변기가 일반화되면서 화장실용 화장지가 생활필수품이 되었음은 물론이고 수세식 화장실에서는 화장실용 화장지만을 사용하는 것이 기본이 되었다. 아울러 좋은 화장지가 갖추어야 할 조건도 정리되고 있다. 물에 잘 녹고, 흡수성이 높고 부드러우며, 적절한 강도가 유지되어야 한다. 세계 여러 지역의 화장지도 다양하게 변화와 발전을 계속하고 있다. 화장지는 청결한 느낌을 주기 위해서 흰색을 사용하는 것이 보통이지만 이색적인 화장지가 제공되기도 한다. 태국에서는 요일마다 별도로 정한 색깔이 있고, 유럽과 일본에서는 화장지에 그림, 만화, 악보, 장미꽃, 산타클로스 등을 그려 넣기도 한다. 돈 모양으로 만든 화장지도 등장했으며, 낱장마다 별자리를 그려 넣은 화장지도 있다. 미국 위스콘신주 매디슨에는 전 세계 3천여 개의 별난 화장지를 소개하는 이색 박물관도 있다고 한다.

03

화장지와 관련된
재미있는 이야기들

화장지를 대신한 각종 종이들 1960년대 영국 런던의 우체국 직원들은 화장실에 화장지가 없을 때 주소가 잘못 적힌 편지들을 뒤처리에 사용했다. 한때 화폐가치가 심하게 떨어진 루마니아에서는 지폐를 만들고 남은 종이 5천 톤으로 화장지를 만들어 공급했다. 러시아인들은 신문지를 사각형으로 잘라 봉투에 넣어 화장실 문에 걸어 놓고 사용하는데, 화장지가 있는 지역에서는 어버이날에 문구점에서 카드와 함께 화장지를 팔기도 한다. 종이가 귀해져서 사람들이 전화번호부를 화장지로 사용하려고 가져가는 일이 빈번해지자 공중전화 부스에 전화번호부를 비치하지 않기도 했다. 그런가 하면 1978년 남아메리카 가이아나에서 900명의 광신도를 자살로 내몬 사이비 종교의 교주 짐 존스는 성경을 찢어 화장실용 화장지로 사용하라고 주장한 일도 있었다.

화장지의 '다양한' 용도 영국의 빅토리아 여왕은 결혼한 직후 처음으로 화장지를 보게 되었다. 당시 영국에서는 화장지를 강에 버리는 습관이 있었는데, 1843년 케임브리지 대학을 방문한 여왕이 강가를 산책하다 강물에 떠내려 오는 종이를 보고 무엇인지 묻자 여왕을 안내하던 대학교수가 황급한 나머지 "네, 저것은 목욕이 금지되어 있다는 표시입니다, 폐하!"라고 대답해 위기를 모면했다고 한다. 엘리자베스 2세 여왕이 아프리카를 여행하던 중에는 창문 밖 나뭇가지가 화장지로 장식된 것을 보고 궁금해 한 일이 있었는데, 안내인이 '여왕의 즉위를 축하하는 퍼레이드'라고 설명했다는 일화도 있다. 사실은 비비원숭이들이 화장실의 화장지를 훔쳐 나뭇가지 위에 장난을 친 것이었지만.

한편 이슬람교도들은 양손의 용도를 엄격히 구분해서 왼손은 뒤처리를 하는데, 오른손은 먹는데 사용하는데, 시대가 변하면서 편리함을 추구하는 새로운 세대들에 의해 화장지가 보급되고 있다. 때문에 지금도 화장지 생산이 법적으로 금지된 시리아에서는 밀수업자들이 화장지를 국내로 반입해 판매해서 짭짤한 수익을 챙기기도 한다.

독일의 디자이너 로이블은 24K 금으로 문양을 새긴 두루마리 화장지를 시중에 내놓았다. 칸마다 얇은 금박으로 장미꽃, 왕관, 사슴 등을 새겼는데 1롤 당 약 26만 원이라고 한다. 현재 중국 등지로 수출하고 있는데 호텔에서 주로 사용되지만 기념품이나 장식품으로 구매하는 개인 고객도 있다.

화장지의 '정치적' 용도 2010년대 초 완전한 독립을 위해 러시아와 대치하던 우크라이나에서는 국민들이 러시아 푸틴 대통령의 얼굴이 그려진 두루마리 화장지를 사용해 뒤처리를 하도록 했다. 남성들은 소변기에 붙은 푸틴 대통령의 얼굴을 조준해 소변을 보기도 했는데, 총칼을 앞세운 무력에 대항해 정신적인 카타르시스를 얻기 위한 방법이었을 것이다. 우리나라에서도 남북 간 심리전에 화장지가 활용된 사례가 있다. 2004년 개성공단이 처음 문을 열었을 때 북한 노동자들이 질 좋은 남한의 화장지를 집으로 몰래 가져가 공단 내 화장실에 비치한 화장지가 계속 없어졌다. 이 사실을 보고받은 정부에서는 '화장지를 정부에서 제공할 테니 그냥 두라'고 했는데, 남한의 실상을 자연스럽게 알리는 일종의 심리전에 화장지가 한몫을 담당한 셈이다.

화장지를 걸어놓는 방법에 따라 소비량이 달라진다 일본에서는 1인당 하루 화장지 사용량이 남자는 3.5미터, 여자는 12.5미터라고 한다. 하루에 소비되는 화장지의 길이가 지구의 적도를 열 번 정도 돌 수 있는 셈이다. 오늘날 세계 인구의 3분의 1이 화장지를 사용하는데 나머지까지 화장지를 사용한다면 심각한 문제가 아닐 수 없다. 한국인은 평균적으로 대변을 볼 때 12칸(1칸 113밀리미터

화장지 활용법 화장지는 정치적 대립 관계에서 일종의 심리전에 활용되기도 하는데 우크라이나 국민들은 러시아 푸틴 대통령의 얼굴이 그려진 두루마리 화장지로 뒤처리를 했다(왼쪽). 한편 화장지의 끝이 휴지걸이의 바깥쪽으로 오게 하면 사용량을 줄일 수 있다(오른쪽).

로 환산하면 135.6센티미터), 여성들이 소변을 볼 때 6칸(67.8센티미터)을 사용한다고 한다. 2008년도를 기준으로 우리나라 전체 화장지 사용량은 50미터짜리 화장지 롤을 기준으로 1,857백만 롤이 되며, 길이로 따지면 920억 미터가 넘는다. 지구 둘레의 길이로 따져 보면, 1년에 무려 2,300바퀴 이상을 도는 길이가 된다. 실로 우습게 볼 문제가 아니다.

화장실에 두루마리 화장지를 걸어놓는 방법에 따라서도 소비량에 차이가 난다. 우리가 흔히 사용하는 두루마리 화장지(긴 종이에 일정한 간격으로 절취선을 넣어 돌돌 말아 사용하는)는 1891년에 미국의 세스 휠러가 특허를 낸 것인데, 그의 특허문서가 공개되면서 화장지를 걸어놓는 방법이 주목받고 있다. 화장지는 대부분 사람의 눈높이

보다 아래에 걸려 있기 때문에 화장지의 끝이 휴지걸이의 바깥쪽으로 나오게 하면 조금이라도 절약을 할 수 있다는 것이다. 이 방법은 우리나라에서 2010년 개최된 '넛지 공모전'에서 우수 아이디어로 선정되기도 했다.

여성과 화장지 특히 여성들은 화장지와 밀접한 관계를 맺고 있다. 기본적으로 필요한 두루마리 화장지부터, 씨트-페이퍼(Seat-Paper), 생리용품, 티슈-페이퍼, 아기의 궁둥이를 닦기 위한 웨트-페이퍼(Wet-Paper)까지 여성들에게 화장지는 더 없이 필요한 존재이기 때문이다. 그래서 일본의 화장실 전문가 사카모토 사이코는 종이와 화장실의 관계를 '자원문제'라는 관점에서 온 지구인이 함께 생각하는 지혜가 필요하다고 역설을 하기도 한다.

화장지가 주는

교훈 — 올바른 화장지 사용법

화장지는 어린아이부터 노인까지, 아침부터 저녁까지 우리의 생활과 밀접한 관계를 가지면서 생활 속의 일부로 자리매김했다. 이제 화장지는 단순한 소모품이 아니라 인간의 문화까지 반영하게 되었으며, 화장지의 등장으로 우리는 세련된 화장실문화를 누릴 수 있게 되었다. 때문에 올바른 화장지 사용법도 더욱 강조되고 있다.

화장실에서는 화장실용 화장지만을 사용해야 하고, 사용한 화장지는 반드시 변기에 넣고 물을 내려야 화장실 배관이 막히는 일을 방지할 수 있으며 대변기 부스 안에 있는 휴지통도 없앨 수 있다. 휴지통에 지저분하게 쌓인 화장지는 보기에도 흉할 뿐 아니라 악취의 원인이 되고 있으니 개선되어야 할 부분이다.

그리고 화장실에서 화장지를 사용하는 일에도 절약정신이 반드시 필요하다. 필요한 만큼만 사용해야 한다. 염수정 추기경이 가톨릭대학 교무처장으로 재직하던 시절 학생들에게 "휴지 한 칸이 11센티미터이다. 아껴 쓰라"고 했던 이야기를 되새겨볼 필요가 있다. 요즘은 재생휴지가 많이 보급되고 있지만 화장지를 남용하면 자연이 훼손되고 산소가 부족해지는 것은 상식이다. 한 통계를 보면 미국인들이 1년에 21,000장의 휴지를 사용하는데 이 가운데 98퍼센트가 원시림의 나무에서 얻는 것이라고 한다. 미국 가정에서 나무로 만든 티슈를 재생휴지로 한 롤씩만 바꿔도 423,900그루의 나무를 보존할 수 있는 셈이다. 소비자들이 절약정신을 기르고, 생산자들이 재생휴지의 생산량을 늘리면서 나무심기 운동도 지속적으로 진행해야 하는 이유가 여기에 있다.

더욱 요즘처럼 기후변화와 미세먼지 발생 등으로 환경문제가 더없이 강조되고 있는 시점에서 「유한 킴벌리(주)」가 "우리 강산 푸르게 푸르게 사업"의 일환으로 나무심기 운동을 꾸준히 진행하고 있는 것은 굉장히 보람된 일이라 하겠다.

5

동물들의
배변 이야기

배설물로 상부상조하면서
공생 관계를 이루는 동물들

화장실을 사용하고 배변 후 종이로 뒤처리를 하는 문화가 인간이 가진 특징이라고는 하지만 종(種)에 따라 동물들도 배변 후 뒤를 닦기도 하고 똥으로 자신들의 영역을 표시하기도 한다. 침팬지는 인간과 비슷하게 변을 본 뒤에 나뭇가지나 잎으로 뒤를 닦고, 덩치가 큰 하마는 자신의 존재를 알리고 지배하는 영토를 나타내는 표식으로 배설물을 이용한다. 여우, 수달, 사향고양이, 하이에나, 오소리 등도 똥으로 자신의 영역을 표시한다.

동물들에 따라서는 자신의 똥을 먹는가 하면 살아남기 위해 배설물을 이용하기도 한다. 공생을 위해 배설물로 상부상조하는 지혜도 볼 수 있다. 농축된 당분 용액으로 이루어져 감로(甘露)라고도 불리는 진딧물의 배설물을 즐겨 먹는 개미들은 진딧물을 보호하기 위해 앞장선다. 많은 종류의 나무들은 좋은 비료가 되는 동물의 똥을 얻기 위해 탄수화물이 가득한 열매를 맺어 새나 박쥐를 유혹하고, 이 열매를 맛있게 먹은 새들은 질소가 풍부한 배설물을 나무의 뿌리 주변에 떨어뜨려 보답한다. 식물성 플랑크톤의 성장을 촉진하는 비료 역할을 하는 바닷새의 똥이 작은 물고기들을 번성하게 해서 자신들의 풍성한 식단으로 되돌아오는 경우도 마찬가지이다.

쇠똥구리는 자신들의 일용할 양식인 동물의 똥을 민첩하게 운반하고, 강아지의 똥은 동화 속의 주인공이 되기도 한다. 이렇듯 동물들의 배설물에 관한 이야기는 무궁무진하며 자못 흥미롭다.

02

동물들의 흥미로운
배변 이야기

덩치와 비례하는 배설물의 양과 크기 반드시 그런 것은 아니지만, 같은 종의 동물끼리는 덩치와 배설물의 크기가 대체적으로 비례한다. 덩치가 큰 코끼리는 배변을 할 때 멀리서 보면 다리가 다섯 개로 보일만큼 거대하다. 대변의 양은 한 번에 70킬로그램 정도이고 소변은 양동이 5-6통 분량이다. 반면 입으로 배설을 하는 벼룩은 배설물의 양도 무척 적고, 심해에 사는 환형동물의 일종인 베스티멘티페란스는 고체음식을 전혀 먹지 않아서 배설물이 아예 없다.

판다는 예상 외로 배설물이 많은 동물이다. 하루 종일 영양가가 적은 대나무만 먹는 판다는 식사시간이 하루 12시간 정도이고 배설도 끊이지 않는다. 판다는 몸의 길이에 비해 장의 길이가 상대적으로 짧다. 같은 초식동물인 말은 장의 길이가 몸길이의 10배,

소는 20배인데 비해 판다는 5배 정도밖에 되지 않는다. 이 때문에 평균 91미터를 갈 때마다 한 무더기에서 세 무더기의 배설물을 내놓는다.

동물들의 다양한 배변 습관 소나 말처럼 몸집이 큰 동물은 서서 볼일을 보지만 많은 종류의 육상 포유동물은 멈춰 서서 아랫도리를 낮추고 볼일을 본다.

특이한 배변 훈련을 하는 포유류 동물들도 있다. 고양이는 어미가 새끼의 생식기와 항문을 핥아주면 배설을 시작하고 흙을 파서 똥을 덮는 버릇이 있다. 미련함의 대명사로 알려진 곰은 새끼에게서 나는 배설물의 냄새를 통해 자기 새끼임을 알아차리기도 한다.

겨울잠을 자는 개구리와 곰은 동면 기간 중에 배변을 하지 않는다. 특히 곰은 오랜 기간 배변을 하지 않아 변비에 걸리는 일이 많아서 해결책으로 봄이 되면 야생부추를 즐겨 먹는다.

페루에 사는 라마는 정해진 곳에서만 용변을 본다. 그래서 볼일 급한 라마들이 노천 화장실 언저리에서 순서를 기다리는 모습이 포착되기도 한다. 남아메리카의 나무늘보는 일주일에 한 번 정도만 용변을 본다. 특히 두발가락 나무늘보는 음식물이 소화기관을 완전히 통과하는데 무려 6주가 걸린다.

하늘을 나는 새들은 비행 중에 볼일을 본다. 박쥐들은 나무에 매달려 휴식을 취할 때 갑작스러운 배변으로 털이 더러워지는 것을 방지하기 위해 지위에 따라 높은 가지부터 차례로 자리를 잡는 다. 그런가 하면 타조가 어떻게 볼일을 보는지는 아직도 수수께끼 라고 한다.

말레이시아 반도의 높은 우림지대에 서식하는 코뿔새 새끼들 은 나무줄기에 구멍을 뚫어 만든 입구를 통해 바깥으로 똥을 쏘 아내는데, 나무 아래서 싹트는 식물의 면면을 보면 어미 코뿔새가 새끼에게 어떤 열매를 먹이는지 알 수 있다. 주로 오스트레일리아 에 서식하는 팔랑나비 애벌레는 자기 똥을 공중으로 1.5미터 이상 발사하는 묘기를 부린다. 사람의 키로 비교하자면 공중으로 60미 터가 넘게 발사하는 셈인데, 포식자를 따돌리기 위한 일종의 자기 방어 수단이다.

향기 나는 배설물 동물들의 배설물 냄새는 종과 먹는 음식, 나이와 건강상태에 따라 다르다. 짝짓기 이전의 어린 여왕벌이나 오스트 레일리아의 코알라는 향기가 짙은 유칼리 나뭇잎만 먹고 살기 때 문에 배설물도 향기롭다. 이 유칼리 나뭇잎에는 청산가리 성분이 있어서, 새끼들은 유칼리 나뭇잎을 먹고 소화를 해서 독성을 없앤 어미의 똥을 먹는다 하니, 동물들에게도 모성애는 있는 법이다.

자신의 똥을 먹는 동물들 동물들이 자신의 배설물을 다시 먹는 행 위를 '맹장변 섭취(Caecotrophy)'라고 부른다. 우리에서 기르는 쥐 와 굴토끼를 비롯한 설치류가 대표적이다. 재활용 대변이 전체 식사량의 25퍼센트에 달하는 동물도 있고, 소형 동물 중에는 1시간 만에 음식물을 똥으로 전환시키는 놀라운 녀석들도 있다. 일종의 고속처리시스템이다. 고릴라는 보금자리 한가운데에 배설을 하고 다음날 먹는다. 침실과 식탁이 화장실과 함께 존재하는 셈이지만 배설물에 악취가 없고 주변정리를 잘해서 위생에 큰 문제는 없다. 한편 어미 영양들은 새끼의 똥을 항문에서 바로 받아먹기도 하는 데, 자신들의 흔적을 없애 포식자의 추적을 피하기 위한 행동이다.

자신의 똥으로 만든 집에서 사는 동물도 있다. 잎을 갉아먹고 사 는 무당벌레의 유충은 똥으로 만든 고치를 이용해 직사광선을 피 하고 다른 곤충으로부터 자신을 보호한다. 하지만 때로는 이 고치 도 딱정벌레의 공격을 막아내지 못하는 걸 보면, 동물의 세계에서 도 생존을 위한 몸부림과 사투는 언제나 진행되고 있다고 하겠다.

화장실을 만들어 사용하는 개미들 땅 속의 개미들은 방구석에 화 장실용 공간을 따로 두고 나름대로 위생관리를 한다. 독일의 토머 차치케스 연구진은 실험실에서 키운 고동털 개미들이 일정한 장 소에 배설물을 모아두는 것을 확인했다. 꿀벌이나 진드기 같은 군 집형 곤충은 배설물을 집 밖으로 버리는데, 개미들은 썩기 쉬운 음식 찌꺼기나 동물의 시체는 집 밖에 버리면서도 자신들의 배설 물은 집 안에 별도로 모아두는 것이다. 아마도 비상약이나 영양제 로 사용하는 듯하다.

똥과 함께 살아가는 말똥구리와 쇠똥구리 낮 기온이 50도에 이르고 습도가 10퍼센트 정도인 중동의 사막 지대는 소변은 바로 증발되고 대변은 금방 말라비틀어질 정도로 덥다. 이 지역에서는 뜨거운 태양열과 극심한 건조 상태가 자연 화장실의 역할을 하는데, 여기에 한몫을 더하는 것이 말똥구리(쇠똥구리, Gymnopleurus Mopsus)다. 사막의 말똥구리는 배설물을 탁구공만한 크기로 잘라 집으로 운반해 식량으로 사용하는데, 운반 거리가 멀게는 수십 미터에 이른다.

우리나라에서는 쇠똥구리가 소의 똥을 가져가 먹는다. 하지만 요즈음에는 소의 변도 오염되어 시골에서 쇠똥구리 개체 수가 계속 줄어들고 있다는 안타까운 소식이 전해진다.

동부 아프리카에서는 쇠똥구리 16,000마리가 1.5킬로그램짜리 코끼리 똥 무더기를 두 시간 만에 남김없이 작은 덩어리로 분해하는 모습이 촬영되기도 했다. 이 쇠똥구리들은 좋은 부분을 차지하려고 싸우기도 하고, 예비 신랑이 예비 신부에게 정성스레 빚은 똥 덩어리를 예물로 주기도 한다. 대부분의 부지런한 쇠똥구리는 자신만의 노하우를 발휘하여 똥 덩어리를 매끈한 공 모양으로 다듬은 후, 뒷다리를 자전거 바퀴를 지지하는 포크처럼 활용해서 똥 방울을 굴려 운반한다. 그리고 신중하게 선택한 장소에 똥 방울들을 묻는다. 똥 방울 한가운데에 알을 낳고 부화한 애벌레는 이 똥 방울을 잠자리이자 이유식 삼아 성장한다. 요람이 커져서 무너질

똥을 운반하는 말똥구리
말똥구리, 쇠똥구리는 말과 소의 똥이나 인분을 먹는 습성 때문에 붙여진 이름인데 영양분이 많은 육식동물의 똥보다 초식동물의 똥을 선호한다.

위험이 생기면 자신의 똥을 발라 붕괴를 막기도 한다.

소의 방귀가 지구온난화의 주범 소 한 마리가 하루에 방출하는 메탄가스는 수백 리터이고, 전 세계적으로 소들이 한 해에 방출하는 메탄가스는 6천만 톤에 달하는데, 연간 지구상에서 발생하는 메탄가스 총 발생량의 15퍼센트에 해당한다. 이렇게 발생한 메탄가스는 지구의 기온을 상승시키는 온실효과에 적지 않은 영향을 미치고 있어서 문제가 심각하다. 축산 대국인 호주에서는 소의 먹이를 바꿔 방귀에 포함된 메탄가스를 줄이는 방안과 함께 소떼의 가스방출량에 따라 세금을 부과하는 방법까지 제시되고 있다.

반려견 화장실의 등장 덴마크에는 반려견 전용 공중화장실이 있어서, 개가 신호를 보내면 주인이 공중화장실로 데리고 가거나 개똥을 수거해서 화장실에 버린다. 프랑스 파리 시내에는 반려견의 분뇨를 전문적으로 수거하는 오토바이인 '캐리네트'가 있다. 일반 청소기처럼 호스와 노즐, 탱크가 부착되어 있고 소독액까지 분사하는 우수한 제품이다. 환경미화원들은 개들이 인도에 싼 배설물을 청소하기 위해 '푸퍼 스쿠퍼(Pooper Scooper)'라는 용기도 갖고 다닌다.

우리나라에서도 2002년 일산 호수공원과 분당 중앙공원에 반려견과 산책 나온 시민들을 위해 개의 배설물을 수거하는 비닐봉지를 비치했다. 반려견이 볼일을 보면 보호자는 분말을 뿌리고 비닐봉지에 수거해 애완견전용화장실에 버리면 된다. 반려견과 함께 산책하는 사람들이 늘어나면서 울산·수원 등지에도 애완견을 위한 화장실 시설이 계속 등장하고 있다.

대머리수리의 이유 있는 반란 자신들의 둥지를 지키기 위해 똥을 이용하는 대머리수리가 1994년에 지독한 악취로 민원의 대상이던 쓰레기 처리장을 방문한 코스타리카 국회의원들을 공습한 일이 있었다. 주거지를 폐쇄하려는 정부 대책에 대한 강력한 항의 표시로 해석되었는데, 참고로 대머리수리는 '급강하 똥 폭격'에 놀라운 정확도를 보인다.

경매장에 나온 공룡의 똥 1993년 영국 런던의 한 경매장에 공룡의 똥이 등장했다. 미국 유타주 행크스빌에서 발굴된 23개의 이 똥은 약 5백만 원에 팔렸으며, 그 가운데 일부는 「내셔널 지오그래픽」

에 자세히 소개되기도 했다.

똥 때문에 피해조로 전락한 비둘기 비둘기는 평화의 상징으로 불리며 중요한 행사 때 마다 식전행사 등에 애용되었다. 하지만 개체 수가 늘어나 비둘기의 배설물이 도시의 동상, 사원의 용마루, 교회의 지붕 위를 눈처럼 하얗게 덮으면서 구조물 부식과 화재의 원인이 되기 시작했다. 실제로 1595년 피사의 사탑에서 일어난 화재도 비둘기 똥 때문이라는 추정이 제기되었다. 평화의 상징으로 사랑받던 비둘기가 배설물 때문에 인류에게 '피해를 주는 새'로 전락한 것이다.

예술의 재료로 쓰인 당나귀 똥 팔방미인 예술가인 르네상스 시대의 미켈란젤로는 대리석 조각에 고풍스러운 맛을 더하기 위해 당나귀 똥 혼합물을 예술 작품에 활용했다. 그런데 오늘날에는 부정적인 의도를 가진 무명작가들이 고전 작품을 위조할 때 이 기술을 즐겨 이용하기도 한다.

코끼리 때문에 생긴 코뿔소의 배변 습관 코뿔소의 배변 습관과 관련된 아프리카 설화가 있다. 먼 옛날에 동물세계의 왕자로 불리는 코끼리가 느긋하게 거닐다가 한 곳에 산더미처럼 쌓인 똥을 보고 화를 내면서 똥의 주인을 색출하러 나섰다. 똥의 임자는 성격이 깐깐하고 고지식한 코뿔소였는데, '똥도 내 맘대로 누지 못하냐?'면서 무모하게 코끼리에게 대항을 했다. 그러자 코끼리가 아름드리나무를 뿌리째 뽑아들어 하룻강아지 범 무서운 줄 모르고 덤벼드는 코뿔소를 정신이 번쩍 들게 혼내주었다는 이야기다. 그리하여 코뿔소는 볼일을 본 다음에 주위를 맴돌면서 세심하게 자신의 똥을 사방에 흩어버리는 좋은 습관을 가지게 되었다고 한다.

아프리카 코뿔소에 관해서는 또 다른 재미있는 이야기가 있다. 영국 옥스퍼드대학에서 동물학을 전공하는 한 학생이 코뿔소에 대해 연구하기 위해 아프리카에 다녀온 뒤 이런 말을 남겼다. "말이 좋아 코뿔소 생태연구이지 아프리카에서 몇 해를 보내는 동안 그들(코뿔소)이 남긴 흔적(배설물)만 실컷 봤을 뿐, 실제 코뿔소의 모습은 코빼기도 못 봤다." 사실 필자도 매년 '아름다운화장실 대상' 심사를 위해 전국을 이동하면서 많게는 하루에 10여 곳 이상의 화장실을 둘러보게 되는데, 막상 심사위원들이 배변할 시간을 갖지 못하는 경우가 많다. 아무리 찾아도 붕어빵에는 붕어가 없듯이 말이다.

6

화장실 발전에
기여한 전쟁

01

전쟁이
화장실 발전에 기여하다

─────────────────────

'너의 진 밖에 변소를 베풀고 그리로 나가되 너의 기구에 작은 삽을 더하여 밖에 나가서 대변을 통할 때에 그것으로 땅을 팔 것이요, 몸을 돌이켜 그 배설물을 덮을지니(신명기 23장 12-13)'. 전쟁할 때 막사의 위생 문제를 효과적으로 처리하는 전형적인 방법을 제시한 구약성경의 한 구절이다. 전쟁터에서 배설물로 인해 생기는 여러 문제와 그에 대한 해결책이 오래 전부터 중요했음을 보여주는 대목이라 하겠다.

　오늘날에도 군부대 내의 화장실 사정이 일반 화장실보다 열악한 것은 동서양 모두에서 공통된 사실이지만, 특히 전쟁 중의 화장실 사정은 최악의 상태였다. 19세기까지 수없이 펼쳐진 인간들의 전쟁터를 들여다보면 전투 과정에서 죽은 병사의 숫자보다 배설물 때문에 생기는 질병과 전염병으로 인한 사망자가 훨씬 많았다. 아무리 유능한 장군의 작전도 전염병으로 죽어가는 병사들을 살리는 데는 속수무책이 되는 것을 목격한 미국의 생물학자 한스 진저는 이런 기록을 남기기도 했다. "1944년 6월 연합군이 노르망디에 상륙할 때 처음으로 페니실린이 대량으로 사용되면서 예방접종에 대한 희망을 걸게 되었다. 전쟁의 승패를 판가름하는데 페스트나 콜레라 같은 전염병이 카이사르, 한니발, 나폴레옹의 작전보다 더 결정적인 역할을 한다." 배설물의 처리와 화장실 문제가 전쟁의 승패를 가르는 데 중요한 역할을 담당한 셈이다.

전쟁 수행 과정에서 보건과 위생에 대한 인식이 새로워지면서 화장실과 전쟁의 관계도 밀접해졌다. 화장실의 발전은 전쟁의 역사와 일종의 '동맹자 관계'를 유지하며 이루어졌다고도 할 수 있겠다.

전쟁 속의 배설물과
화장실 에피소드

화장실을 사용하지 않아서 전쟁에 패한 페르시아 월등한 군사력을 자랑하던 페르시아 제국은 기원전 492년부터 20여 년 동안 계속된 그리스 도시국가와의 전쟁에서 대패를 하게 되었다. 패전의 원인은 화장실 문제였다. 영토의 3분의 1이 사막 지대여서 화장실을 따로 이용하지 않았던 페르시아 군인들이 척박한 바위투성이의 그리스 지역에서도 아무데서나 배설을 했기 때문이다. 배설물이 바위 위에 장기간 쌓이면서 악취와 해충으로 인한 전염병이 창궐하는 바람에 페르시아 군인들은 제대로 싸워보지도 못하고 상당수 병력을 잃고 퇴각할 수밖에 없었다.

군대용 간이화장실을 사용한 프로이센 19세기 후반에 벌어진 프랑스와 프로이센(지금의 독일)의 전쟁에서 프로이센군은 군대용 간이화장실을 사용했다. 길이는 10미터로 하고, 깊이와 폭이 각각 70

센티미터가 되게 구멍을 판 뒤 그 위에 널빤지와 관목을 놓아 화장실로 활용하고, 여름철엔 악취를 막기 위해 2-3일에 한 번씩 구덩이를 메웠다. 전쟁 과정에서 포병대가 이 간이화장실을 명중시키면 내용물이 솟구치면서 티푸스나 이질, 황달 같은 질병을 일으키기도 했는데, 특히 황달은 불결한 화장실 환경 때문에 군대에서 많이 발생해 '군인들의 병'으로 불리기도 했다. 이후 미생물학이 발전하면서 위생 문제를 법으로 정하는 과정을 밟게 된다.

똥을 활용한 방어법 분뇨는 전쟁에서 무기로 활용되기도 한다. 14세기에 스위스 베른과 프랑스 스트라스브르의 주민들은 적의 요새를 향해 새총으로 분뇨를 쏘아 악취를 풍기는 방법으로 점령군이 사기를 잃고 항복하게 만들었다. 똥이 적을 무력하게 만드는 심리전의 수단으로 활용된 사례라 하겠다. 우리나라에서도 비슷한 사례가 있었다.

한편 중세 유럽이나 봉건 시대의 일본에서는 적의 공격을 방어하기 위해 성 주위를 해자(垓字)로 둘러싸는 방법이 유행했는데, 이 해자가 분뇨 처리장으로 바뀌면서 수비를 강화하는 역할을 하게 되었다. 하지만 다른 한편으로는 배설물로 가득 찬 해자가 지독한 악취를 발생시켜 때로는 국가 방위를 위협하는 존재가 되기도 했다.

미국 남북전쟁에서 배설물의 역할 미국 남북전쟁(1861-1865) 당시 배설물은 남과 북에서 각기 다른 역할을 했다. 소변을 증류시켜 얻은 질소를 이용해 화약을 제조했던 남부에서는 배설물을 귀중한 재산으로 여겨 여성들도 요강을 마차에 비움으로써 전쟁에 기여했다. 반면 북부에서는 부대 안에 질병이 퍼지는 일을 예방하기 위해 위생위원회를 구성하고, 매일 화장실을 청소하고 야영지에서는 화장실을 야영지 끝에 설치했으며, 화장실 구멍 주변을 수풀로 덮어 놓았다.

제1차 세계대전 때 배설물 처리 방법 제1차 세계대전(1914-1918) 중에도 군부대의 위생과 보건은 심각한 문제였다. 공식적인 부대 업무편람에 따르면 배설물은 불태우거나 파묻거나 기선으로 운반하는 방법 중 하나를 선택하도록 했다. 가장 이상적인 방법은 시냇가를 야영지로 택하고 화장실을 시냇물에 연결하는 것이었다. 야영지가 결정되면 위생부대가 먼저 도착해 주방의 위치를 정하고 반대편 끝에 전체 부대 인원의 5-8퍼센트 정도가 한꺼번에 이용할 수 있는 구멍을 팠다. 행군을 하는 중이나 임시 야영지에서는 얕은 참호를 파서 화장실로 이용하기도 했는데, 이후 참호는 양동이로 대체되어 양동이가 배설물로 다 차면 전선 뒤쪽으로 보내고 뒤쪽 부대에서는 새 양동이를 앞으로 보냈다.

복부에 총탄을 맞았을 때 배설물이 들어 있으면 부상병을 처리하는데 애를 먹기 때문에 지원병 부대가 전투에 나가기 전에는 화장실에 다녀오라는 명령을 내렸다. 뿐만 아니라 병사들은 항문을 다치기 쉬우니 반드시 화장실용 화장지만을 사용하고, 배설 후 자신의 배설물을 꼼꼼하게 관찰하라는 요구를 받기도 했다.

'똥 싸러 간 병사' 때문에 시작된 중일전쟁 1937년에 시작된 중일전쟁은 화장실과 관련된 작은 실랑이가 결정적인 계기가 되었다. 베이징 남쪽에 마르코 폴로가 다녀갔다고 해서 'The Marco polo Bridge'라고도 불리는 노구교(蘆橋橋)가 있는데, 이 다리 부근에서 일본군 부대가 야간 훈련을 하던 중에 중국군이 주둔한 방향에서 몇 발의 총알이 날아왔다. 일본군은 즉시 전열을 정비하고 전투에 돌입하기 위해 병사들을 자기 위치로 복귀시켰는데 신병 한 사람이 보이지 않았다. 이 신병이 중국군의 포로가 되었다고 판단한 일본군 사령관은 행방불명이 된 병사를 찾기 위해 중국군 주둔지에 일본군이 들어가야 한다고 요구했지만 중국군이 거부했다. 실랑이가 벌어지는 와중에 문제의 신병이 나타났다. 볼일이 급해서 변을 보고 오느라 자리를 비웠다는 것이다. 하지만 전쟁의 빌미를 찾고 있던 일본군 사령관이 중국군 주둔지에 들어갈 것을 계속 요구하면서 결국 중일전쟁이 발발했다.

중일전쟁과 제2차 세계대전이 진행되는 동안 일본군은 장기간 주둔하는 경우를 제외하고는 화장실을 따로 설치하지 않아 점령지에서 온갖 전염병으로 고생을 하게 되었다. 그리하여 현대전에서는 점령지에 화장실을 설치하는 것이 필수가 되었다.

제2차 세계대전과 화장실 제2차 세계대전(1939-1945)에서는 심리전이 강화되어 일상생활의 모든 구호들이 전쟁과 연관되어 만들어지고 선전 활동은 일종의 예술이 되기도 했다. 이런 맥락에서 변기도 전쟁 수행에 기여를 하게 되었다. 예를 들어 연합군지역에서는 히틀러의 사진이 새겨진 요강이 발견되기도 했다. 다른 민족에 비해 독일인은 소변의 양이 많고 비 요산이 많다는 이유에서 소변을 분석해 독일의 스파이를 찾을 수 있다고 주장하는 학자도 있었다.

대변 냄새로 적을 소탕한 사례도 있다. 전쟁 중에 미군은 조그만 섬 카타르카를 점령하는데 무려 1년 5개월을 소요했는데, 일본군이 밀림 깊숙이 숨었다가 미군 캠프를 습격하고 도망가는 게

아우슈비츠 수용소의 화장실 유적
제2차 세계대전 당시 독일이 유대인을 강제 수용한 아우슈비츠의 화장실 유적이다. 지름 20센티미터 정도의 원형 구멍만 뚫려 있어 당시 유대인들의 고통을 실감하게 한다.

릴라 전법을 구사했기 때문이다. 그래서 '일본군은 밀림에서 혼자 볼일을 보는 경우가 많다'는 점에 착안해 인분 냄새를 찾아 게릴라를 소탕하는 작전이 세워졌고, 이 작전이 효과를 나타내 많은 일본군을 소탕할 수 있었다. 전쟁 중에도 화장실과 관련된 추적이 유효하게 사용된 경우라 하겠다. 이 경험은 이후 미국이 베트남에서 벌인 전쟁에도 영향을 미쳐서, 미군은 베트콩을 색출하기 위한 분뇨 탐지기를 개발해 정글에서 벌어진 전투에 활용하기도 했다.

가장 괴로운 화장실 체험은 독일의 유대인 강제수용소에서 이루어졌다. 이 수용소에는 커다란 구덩이에 통나무만 걸친 화장실이 100-300명 당 6개만 제공되었다. 사생활은 물론 자유로운 배설조차 허락되지 않았고, 매일 아침 정해진 시간 내에 모든 인원이 배변을 마쳐야 하는 최악의 화장실이었다.

현대 전쟁에서도 화장실 문제는 여전히 중요한 과제 과학 기술과 현대 문명이 아무리 발전해도 배설물을 처리하는 방식은 20세기 초에 비해 거의 달라지지 않았다. 오늘날 발생하는 전쟁에서도 위생은 가장 중요한 문제로 대두된다. 배설물이 파리를 꼬이게 하고 거기에서 발생하는 설사가 가장 큰 적이 되는 셈이다.

육군의 경우 여전히 참호 변소, 깊은 구멍, 태우는 변소, 굴 변소, 양동이 변소 등이 활용되지만 결국에는 배설물을 땅에 파묻는 방법을 사용한다. 해군의 배설물은 바다에 버리는 것이 일반적이고 배가 정박하는 중에는 배설물 탱크에 오물을 담아두었다가 공해상에서 투기한다. 1970년대에는 해군에도 여군이 등장하면서 미국의 항공모함 '존 F 케네디'호에는 남녀화장실을 따로 설치했는데, 남성용은 회색으로 여성용은 분홍색으로 칠해 구분했다.

한편 공군 조종사들의 비행 중 배변을 위해 조종사용 소변 튜브를 조종석 밑에 설치했지만 사용하기에 불편하고 여성에게는 무용지물이다. 더욱이 비행 중에 튜브를 사용하다가 목숨을 잃는 경우도 있어서 일반적으로 참았다가 착륙 후에 볼일을 본다.

전쟁 때문에 탄생한 설사약 '정로환' 설사를 멈추게 하는 약으로 널리 알려진 정로환(正露丸)은 일본이 러시아를 정복하기 위해 만들었다. '正'은 '정복한다(征)'는 뜻을 가진 의성어이고, '露'는 러시아의 한자표시이며 '丸'은 구슬 약을 의미한다. 물과 공기와 풍토가 다른 외국에서 전쟁을 하다보면 당연히 배탈이 나고 설사약이 필요해진다. 전쟁에서 승리하려면 무기만큼 중요한 것이 군인들의 건강 문제라고 판단한 일본은 러일전쟁이 시작되면서 상비약품으로 정로환을 지급했고, 결국 전 세계 사람들의 예상을 뒤엎고 전쟁에서 승리했다. 우연의 일치겠지만, 전쟁에서 전염병으로 인한 사망자의 수와 전투하다 죽은 사람의 숫자가 반전된 것도 이 전쟁 때가 처음이다.

화장실에서 시작되는 '유언비어' 보병과 포병이 중심이던 과거 전

전쟁이 만들어낸 설사약과 신조어 전쟁이라는 특수한 상황에서 이루어진 배설 행위는 설사약과 유언비어라는 말을 탄생시켰다. 일본이 러일전쟁에서 승리하기 위해 만든 정로환은 오늘날에도 설사약으로 널리 애용되고 있으며(왼쪽), 사방이 뚫린 전쟁터의 화장실에 모여 앉아 사람들이 떠들어댄 수다에서 유언비어라는 말이 생겨났다(오른쪽).

쟁터에서 화장실은 사방이 뚫린 공간에서 여러 명이 함께 사용하게 되어 있었다. 공중화장실의 고전적 형태라고도 볼 수 있다. 전장에서 기분 좋게 용변을 보는 일은 작전을 훌륭하게 수행하여 확실한 승리를 거두는데 중요한 역할을 담당했는데, 바로 그 자리(화장실)에서 부담 없이 떠들어댄 수다들이 순식간에 부대 전체로 퍼지게 되었다. 그래서 '유언비어'라는 단어가 '화장실에서 하는 말(Latrine Parole)'에서 유래되었다.

똥으로 만든 파이 11세기부터 200여 년 동안 이루어진 유럽의 십자군원정 때 전쟁에 나가는 남편들은 정조대를 만들어 아내에게 건넸다. 어느 날 한 마을에서 건달기가 있는 수도사가 남편이 없는 사이에 고해성사를 하는 한 여인을 범하려고 시도했는데, 여인은 나중에 은밀하게 만나자고 설득해 위험을 모면했다. 이후 여인은 자신의 똥으로 만든 파이를 수도사에게 보냈는데, 여인의 정성에 황홀해진 수도사가 파이를 주교에게 선물로 건넸다가 사실이 밝혀져 교회에서 추방되었다는 이야기가 전한다.

어느 충직한 신하의 화장실 잠입 이야기 사마천의 『사기』에는 이런 이야기가 기록되어 있다. 고대 중국의 춘추전국 시대는 전쟁으로 날이 새고 전쟁하다 날이 지는 시기였다. 어느 날 조나라의 군주 양자가 정적인 지백의 공격을 받게 되었다. 전쟁에서 승리해 지백을 죽인 양자는 지백의 두개골에 옻칠을 해서 요강으로 사용한다. 이 이야기를 전해들은 지백의 충신 예양이 보복을 위해 양자의 성으로 잠입하는데, 예양이 선택한 장소가 화장실이었다. 예양은 화장실에서 양자를 기다리다 잡혔는데 예양의 충성심을 높이 평가한 양자가 예양을 풀어주었다. 하지만 수치심을 이기지 못한 예양은 결국 자살을 하고 말았다.

화장실 때문에 자살한 스탈린의 아들 제2차 세계대전에 참전한 스탈린의 아들은 독일군의 포로가 되었다. 수용소 생활을 하던 중에 화장실을 지저분하게 사용한다는 지적을 받자 모욕을 당했다고 생각해서 스스로 철조망에 몸을 던져 쇼크사 했다고 한다.

'굵고 강한 물줄기로 적의 잠수함을 물리쳐라' 어느 날, 한 해군사령관이 전화를 걸어왔다. 평소 군인들이 사용하는 화장실 환경에 남다른 관심을 가진 제독이었는데, 새로 부임해 간 부대의 부대원들에게 화장실의 중요성을 알리고 위생적인 화장실을 만드는 방법에 관해 교육을 해달라는 내용이었다. 흔쾌히 승낙하고 달려가 교육을 마쳤다. 그리고 1년이 지나 '아름다운화장실 대상' 현장 심사를 위해 다시 그 부대를 방문했다가 인상적인 장면을 보게 되었다. 소변기 아랫부분에 북한 잠수함 모형이 붙어있고, 소변기 윗부분의 벽에는 '적 잠수함은 굵고 강한 물줄기로!'라고 쓰인 스티커가 붙은 것이 아닌가. 화장실에 대한 교육을 부탁했던 사령관이 직접 낸 아이디어라고 한다. 화장실을 이용하면서도 군인 정신을 일깨우는 사례라 하겠다.

7

세상의 모든 변화가
시작되는 화장실

01

화장실의 진화는
계속된다

인간의 삶에서 화장실에 관한 이야기를 찾아내다 보면 양파 껍질을 벗기듯이 끝도 없는 이야기들이 흥미진진하게 펼쳐진다. 이 수많은 이야기들을 나름 정리하다 보면, 인류의 문화는 결국 화장실이 발전하는 만큼 발전해 왔다는 것, 다시 말해서 화장실의 역사가 곧 인간의 역사임이 증명된다.

우리 속담에 '화장실과 처갓집은 멀수록 좋다'는 말이 있다. 조선 시대에는 거름으로 쓰일 분뇨의 이동거리를 고려하고 악취와 화재를 예방하기 위해 '뒷간'은 살림채에서 멀리 떨어진 곳에 마련하라고 했다. 서양에서도 19세기까지 유럽과 아메리카 지역의 화장실은 대부분 집 밖 정원에 두었다. 하지만 오늘날에는 동서양을 막론하고 화장실이 집 안으로 들어와 침실까지 침입했다. 결국 화장실은 인류생활과 가까워지는 만큼 발전을 해 온 셈이다. 심지어 이제는 처갓집도 가까운 곳에 있는 것을 좋아하는 세상이다. 이렇듯 세상에 변하지 않는 것은 없다. 단 하나 변하지 않는 일이 있다면, 인간의 먹고 싸는 행위일 것이다. 그렇기에 시간이 흐르고 문화와 문명이 발달할수록 배설의 문화는 더욱 중요해질 것이며, 그 과정에서 화장실의 중요성도 계속 강조될 것이다.

우리는 일생에 1년 정도를 화장실에서 머문다. 길고 긴 인생에서 1년이라면 짧은 시간인 듯 느껴지지만, 중요한 사실은 인간이 하루도 화장실을 떠나 생활할 수 없다는 것이다. 그것도 아침에 눈을 뜨자마자 가는 곳임은 물론 낮동안에도 서너차례, 그리고 잠자리에 들기 전에도 마지막으로 들리는 곳이 화장실이다. 때문에 지구상에서 일어나는 일들의 상당 부분은 화장실과 관련이 있게 마련이다. 세상의 모든 변화가 화장실에서 시작되는 셈이다. 그러므로 화장실의 진화도 계속된다.

02

화장실
생태학 — 화장실과 인간 행위

시대와 지역에 따라 다른 배변 방식 인간이 대소변을 보는 방식은 언제 어디서나 똑같지 않다. 대변은 남녀 모두 정지한 상태로 앉아서 보는 것이 보편적이지만, 뉴기니아에 사는 나체족은 정지해 있으면 독충이 5초에 한 번씩 달려드는 정글의 자연환경 때문에 정글 속을 걸으면서 변을 본다. 에두아르트 푹스는 풍속의 대부분이 계층 혹은 계급 간에 차이를 두고 싶어 하는 심리에서 발달한다고 했다. 대변을 보는 자세는 '쪼그리고 앉는 방식(Squatting)'에서 '앉기 방식(Sitting)'으로 변화했는데, 프랑스의 왕들을 시작으로 부르주아 계급의 우월성을 과시하려는 서양인들의 관습에서 의자식 변기에 앉아서 대변을 보는 방식이 생겨났다는 것이다. 하지만 신체 구조적으로는 쪼그리고 앉아서 변을 보는 방식이 배변에 더 도움이 된다는 주장도 만만치 않다.

소변을 보는 방법은 좀 더 다양하다. 남성은 서서, 여성은 앉아서 소변을 보는 것이 일반적이라고 알고 있지만, 각종 역사 기록에 따르면 성별에 따른 소변 자세는 시대의 상황에 따라 끊임없이 변화해왔다. 고대 이집트 사람들과 아파치족 인디언의 경우, 여인들은 서서 소변을 보고 남자들은 쪼그리고 앉아서 소변을 봤다. 중세 유럽의 아일랜드 사람들도 마찬가지다. 심지어 19세기 일본 교토의 상류층 여성들이 사람들 앞에서 자연스럽게 선 자세로 양동이를 뒤에 두고 소변을 봤다는 기록도 있다.

동양인과 서양인의 배변 방식에도 차이가 있다. 우리나라를 포함한 동양 사람들은 대부분 대소변을 함께 배출하는데 반하여, 유럽을 비롯한 서양 사람들은 신체구조의 특징 때문에 대변과 소변을 따로 보는 경우가 많다.

어쨌든 다양한 배변 방법과 성별에 따른 배변 자세는 좋고 나쁨을 따질 수 있는 게 아니라 시대와 자연환경에 따라 앞으로도 계속 변화할 것이다. 한 예로, 요즈음 우리나라의 많은 가정에서도 청결을 위해 남성들이 앉아서 소변보는 방법을 강요당하고 있지 않은가.

남성과 여성의 화장실 생태학 평균적으로 남성은 하루에 한두 번 대변을 보고 5회 정도 소변을 본다. 여성은 대변을 하루에 한 번 정도 보고 소변은 5회 정도 본다.

에티켓 벨

요즈음 공중화장실에는 여성들이 볼일 보는 소리를 감춰주는 '에티켓 벨'이라는 장치가 설치되고 있다. 버튼을 누르면 물소리가 나고 자동으로 정지된다.

미국 오클라호마대학의 덴니스 교수는 실험을 통해 남성이 혼자 소변을 볼 때는 심벌을 꺼내는데 5초, 소변보는데 25초로 총 30초 정도가 걸리는데, 옆에 모르는 사람이 있으면 4초 정도가 단축된다고 밝혔다. 무방비 상태에서 위험에 자동적으로 반응하는 자율기능 때문이라는데, 그에 따르면 남성은 예상외로 무척 섬세하고 여린 동물이다.

일반적으로 여성들은 남성들에 비해 소변을 보는 소리가 크다. 도로 교차로에서 발생하는 소음에 버금가는 수준이다. 여성이 남성보다 요로의 길이가 짧아 소변이 순간적으로 배출되면서 나타나는 현상인데, 볼일 보는 소리를 다른 사람이 듣는 것은 민감한 문제가 아닐 수 없다. 그래서 고대 일본의 여성들은 소변 소음을 없애기 위해 하인을 화장실 밖에 세워두었다. 하인은 항아리에 물을 담아 놓고 국자로 물을 퍼서 흘려보내면서 주인의 소변보는 소리를 감추었다. 도덕과 예의범절이 중시되던 영국 빅토리아 시대에는 요강을 감추는 가구디자인이 발달되면서 뚜껑을 들면 음악이 나오는 변기의자가 개발되어 용변 보는 소리를 들키지 않는데 도움을 주기도 했다. 오늘날에는 공중화장실에도 '에티켓 벨'이라는 장치를 설치하고 있으며, 일본에서는 '오토히메(音姬)'라는 이름으로 휴대가 가능한 상품도 판매되고 있다.

화장실에서 볼일 보며 하는 일 중에는 독서가 최고 동서양을 막론하고 화장실에서 독서하는 일은 아주 오래전부터 인류가 선호해 온 습성이기도 하다. 오늘날에도 사람들이 화장실에서 볼일을 보면서 가장 많이 하는 일은 독서다. 특히 신문이나 잡지를 보는 사람들이 많다. 화장실에 서가를 설치한 사람도 있고, 화장실에서 언어학 서적을 읽어 20여개 나라의 언어에 통달한 학자도 있다. 정신분석학자들은 화장실에서 하는 독서가 배설로 잃은 부분을 정신적으로 보충해주는 행위라고 주장한다. 하지만 의학전문가들은 용변을 보는 중에는 그 일에만 열중하는 것이 건강에 좋다고 하니 생각해볼 일이다.

화장실에서 하는 낙서는 정신적인 배설행위 화장실에 빼곡하게 들어찬 낙서들은 서양에서는 300년, 일본에서는 750년 이상의 역사를 갖고 있다. 낙서 전문가들은 화장실에서 낙서를 하는 행위가 앞으로도 인류 문명과 함께 지속될 것이라고 전망한다. 배변 과정에서 생리적인 해방감을 느낀다면, 낙서를 통해서는 정신적인 해방감을 느낄 수 있기 때문이라는 것인데, 화장실 낙서가 일종의 정신적 배설행위인 셈이다.

화장실에 하는 낙서는 실제 자신의 모습과 반대로 나타나는 경우가 많다. 일반적으로 남성들이 여성들보다 많은 낙서를 하고, 성(性)과 관련된 외설적인 내용이 담긴 낙서도 남성들이 많이 한다. 한편 1965년에는 미국 전신전화회사가 상습적으로 화장실에 낙서를 하는 '범인'을 잡으려다 미국 전 지역의 전화망을 마비시킬 뻔 했던 사건도 있었다.

화장실은 마음의 걱정을 씻어내는 공간 사찰에서는 화장실을 해우소(解憂所)라 부르고, 화장실에 드나드는 것도 수행의 과정으로 삼아 화장실에서 '입측오주(入厠五呪)'를 외우게 한다. 몸으로 똥과 오줌을 내보내듯이 마음으로 모든 번뇌와 걱정을 씻어내기 위해서다. 시대에 맞게 풀이한 입측오주의 내용을 소개한다.

(화장실에 들어가서)
　　버리고 또 버리니 산 동안 기약일세
　　욕심, 성냄, 어리석음 다 버리니 목숨마저 있고 없고
(뒷물을 하고)
　　비워서 가벼워라 채울 것이 가득하다
　　어찌 이것 두고 저 세상을 바라는가?

(손을 씻으며)

　　활활 타는 저 불길 끄는 것은 두루마기

　　불만큼 붉더냐 종이만큼 희더냐

(더러움을 버리고)

　　더러움을 씻어내니 그 번뇌가 씻기더냐

　　함께 삭히자던 더러움다 그 소원

(깨끗해짐을 확인하고)

　　한 송이 흰 연꽃 오시자니 뻘밭이네

　　거기오신 청신사(淸信士) 거침없이 진일보

03

세계의 화장실
이모저모

화장실 발전에 기여한 흑사병과 공중화장실의 등장 14세기 중엽부터 약 150여 년 동안 유럽에서는 흑사병으로 불린 전염병 때문에 인구의 3분의 1이 사망했다. 제대로 갖추어지지 않은 위생 시설도 병이 빠르게 확산되는데 한 몫을 했다. 유럽인들은 악취를 줄이기 위해 향수와 꽃잎을 이용했고 수도원에서는 향불을 피웠다. 영국 국왕 헨리 8세는 오렌지 껍질에 꽃 향을 섞어 만든 손수건을 화장실에 놓아두기도 했다. 병원에 입원한 환자를 방문할 때 꽃을 가지고 가는 일도 악취를 막기 위한 방법에서 시작되었던 것이다. 오늘날 아름답게 여겨지는 풍습들이 결코 아름답지 못한 이유에서 시작되었다니 아이러니한 일이다.

흑사병 같은 전염병은 위생 관념을 강화하는데 일조했고, 이 과정에서 수세식 변기가 발명되어 화장실 발전에도 결정적인 기여를 했다. 이후 산업화가 이루어지면서 비위생적인 화장실에서 발생하는 악취를 극복하기 위해 인간의 후각 관념이 그 동안 중시되던 미각과 시각 관념을 추월하기 시작했다.

산업혁명에 성공한 영국에서는 1851년에 새로운 시대를 알리는 제1회 만국박람회가 개최되었다. 이 박람회에는 근대적 기술의 성과물인 재봉틀, 팩스, 금속판 사진술 등과 함께 수세식 변기가 설치된 공중화장실이 등장해 화제를 모았다. 전체 방문객의 14퍼센트에 해당하는 80만 명이 박람회에 설치된 수세식 화장실을 이용했고, 입소문에 힘입어 공중화장실은 유럽 전 지역에 확산되었다.

여성용 화장실이 부족한 이유 여성이 소변을 보는 데 걸리는 시간은 남성의 두 배 이상이어서, 일반적으로 여성들은 남성들보다 화장실에 오래 머문다. 1739년 프랑스 파리의 한 연회장에서는 변기의자를 넣어둔 두 개의 작은 방을 설치하고 방 앞에 '신사용'과 '숙녀용'이라는 팻말을 붙여놓았는데 '숙녀용' 팻말 앞에 선 줄이 '신사용' 변기가 설치된 방 앞의 줄보다 두 배 길었다는 일화가 있다.

미국 여성들도 화장실 문제로 고생을 했다. 심지어 의회에서도 1992년에 여성용 화장실이 설치되기 전까지 여성의원들은 방문객용 화장실을 이용해야 했다. 코네티컷 주 의회 의사당에서는 남녀 의원들이 화장실 문제로 격렬한 토론을 벌인 일도 있다. 여성용 화장실이 거의 없고 그나마 있는 화장실도 너무 멀어서 일부 여성의원이 남성화장실을 사용하기 시작하자 남성의원들이 화장실 문에 '남성 전용'이라는 팻말을 붙여놓았기 때문이다. 그뿐만이 아니다. 연방 상원에는 여성화장실이 두 개뿐이었는데 2012년 총선에서 여성 당선자가 늘어나면서 화장실 앞에서 한때 교통체증이 일어나기도 했다.

여성의 배변 시간을 고려하면 더 많은 여성용 화장실이 필요한 셈이다. 우리나라에서도 '공중화장실 등에 관한 법률'을 개정해 여성들의 변기 숫자 비율을 계속 늘리고 있다.

화장실 관리를 잘해서 유명해진 여성들 19세기 후반 오스트리아 수도 빈의 유료화장실에서 관리인으로 일하던 모델 출신의 베티라는 여성이 있었다. 어느 날 이 화장실을 이용한 한 신사가 설사를 하는 바람에 바지가 더럽혀져 안절부절 못하는 모습을 본 베티는 헌신적으로 신사를 도와주었고, 그 인연으로 둘은 결혼을 해서 행복한 가정을 꾸미게 되었다. 베티는 자신이 관리하던 화장실에서 체험한 일과 사람들이 화장실에 남긴 낙서를 모아『나의 일생, 나의 의견, 나의 일』이라는 책을 출판해 당시 공중화장실의 실태를 파악하는 귀중한 자료를 제공했다.

◆ 벨기에의 '오줌싸개' 동상

벨기에 브뤼셀에는 관광객들의 호기심을 자극하는 작은 동상이 있다. '마네킨 피스 (Mannekin Pis)'로 불리는 발가벗은 소년상인데 고추를 내놓고 힘차게 소변을 누고 있는 모습이다.

옛날에 벨기에를 침입한 프랑스 병사가 마을에 불을 지르자 한 소년이 오줌을 싸서 불을 끈 기념으로 세웠다는 등의 전설이 전해지는데, 사실이든 아니든 14세기에 석상으로 만들어졌던 이 오줌싸개는 벨기에가 독일에서 해방된 1619년에 동(銅)으로 다시 만들어져 몇 백 년 동안 한 자리에서 계속 오줌을 싸고 있다. 해마다 동상이 세워진 기념일에는 포도주 회사에서 기증한 포도주가 동상에서 오줌 대신 흘러나와 모든 시민들이 포도주를 마시며 즐긴다고 한다.

여러 번 나라 밖으로 도난을 당하기도 했던 오줌싸개 소년상은 전 세계 여러 나라에서 700벌이 넘는 옷을 선물 받았는데, 기증된 옷들은 한 번 입히고 박물관에 소장되어 전시된다. 우리나라도 두루마기를 포함한 옷을 세 번 기증했다. 소년상에서 10분 정도 걸어가면 '오줌싸개 소녀상(Jeanneke Pis)'도 볼 수 있다.

일본에도 화장실 관리를 잘해서 성공한 여성이 있다. 시골 출신이었던 이 여성은 탤런트가 되고 싶어 도쿄에 와서 방송국에 다니며 어려운 생활을 하고 있었다. 어느 날 직장 동료들이 이 여인의 집을 방문해 깨끗하게 정돈된 화장실을 보고 비결을 묻자, 나무젓가락에 천을 묶어 매일 화장실의 구석구석과 변기의 틈새까지를 열심히 닦는다고 설명했다. 훗날 이 여성은 자신이 개발한 도구에 자신의 이름을 붙여 '마츠이 봉(松井 棒)'이라는 상품을 개발했고, 일본 각지를 순회하면서 화장실 청소 전문가로 변신했다.

우리나라의 노귀남이라는 여성은 인천국제공항에서 10년 동안 환경미화원으로 근무하며 인천국제공항이 화장실 청결도 1위를 차지하는데 큰 몫을 담당한 점을 인정받아 정부에서 동탑산업훈장을 받기도 했다. 대단한 사회적 명예가 따르는 직무에 종사하지 않더라도 자신이 일하는 곳에서 최선을 다하는 사람들은 어떤 형태로든 보답을 받는 듯하다. 화장실 관리도 마찬가지다.

세상에서 가장 위험한 화장실 일본의 젊은 여행가인 이시다 유스케는 세계에서 가장 위험한 화장실을 소개한 적이 있다. "서아프리카 부르키나파소의 한 작은 마을 식당에서 밥을 먹고 주인에게 화장실이 어디냐고 물었더니 밖에 있는 가까운 건물을 가리켰다. 들어가 보니 사방을 가린 외벽만 있을 뿐 배설을 위한 구멍도 없는 빈 집이었다. 다른 사람들이 남긴 배설물의 흔적도 없었다. 급한 나머지 팬티를 내리고 주저앉아 용변을 보기 시작하는데, 한쪽 벽에서 엄청나게 큰 돼지가 얼굴을 들이밀었다. 얼굴 생김새도 일본 돼지와는 전혀 달랐다. 멧돼지처럼 이빨이 돌출되어 있고 입 언저리에는 끊임없이 흥건한 침이 흘러내리고 있었다. 심상치 않다 못해 살기까지 느껴졌다. 그때서야 이 돼지가 사람들의 배설물을 먹어치웠다는 사실을 알게 되었다. 무서운 나머지 돼지를 향해 옆에 있던 돌을 던지면서 간신히 용변을 마치고 뛰쳐나왔다. 그랬더니 아까 그 돼지가 돌진해 내 분신을 먹어치우기 시작했다. 그 모습을 보는데 잠시 다리가 후들거렸다."

이시다는 이후의 여담도 기록했다. "서아프리카의 대부분은 이슬람 국가여서 돼지고기를 먹지 않는데 무슨 일인지 부르키나파소에는 돼지고기 꼬치구이를 파는 포창마차가 있었다. 너무도 기쁜 나머지 엄청나게 많은 양을 주문해서 한 입 베어 무는 순간, 입 안 가득히 퍼지는 똥냄새 때문에 나는 한 번 더 기절했다. 돼지의 간에서는 마치 똥 그 자체의 냄새인 듯한 악취가 났다. 결국 나는 먹기를 포기하고 말았다."

아마도 그 청년, 아직 완전한 미식가가 못되어서 맛있고 향기롭기로 유명한 음식이나 향수에는 인분 성분의 냄새가 조금씩 섞인다는 사실을 몰랐던 듯하다.

유료화장실로 떼돈 버는 기막힌 상술 일본 에도시대 때 항상 사람들로 북적이던 도쿄의 시노바즈 광장에서 유료화장실을 개업해 재미를 본 사람이 있었다. 소문이 퍼지자 다른 사람이 새로운 유료화장실을 열었고 첫 날부터 만원사례를 이루었다. 이 사람은 옆

◆ 똥 때문에 일어난 폭동

수세식 화장실이 일반화된 요즈음에는 상상하기 힘든 일이지만 분뇨가 농사용 거름으로 활용되던 시대에는 분뇨와 관련된 시비도 제법 많았다.

1892년 일본 규슈의 하카다 지방 농민들이 분뇨 값이 너무 비싸다며 21일 동안 봉기를 일으켜 시내 곳곳에 분뇨가 넘쳐나는 등 사회 문제가 발생했다. 1935년에는 중국 베이징의 '똥장수'들이 이들의 독점적 영업 행위 단속을 위해 분뇨를 직접 관리하겠다는 시 정부의 계획에 저항하여 폭동을 일으켰다. 가족까지 참여해서 시내 교통을 마비시키고 악취를 풍기며 전개된 조직적인 시위는 사회적 이슈가 되면서 환경폭동으로 발전했다. 결국 진압되었지만 똥장수들의 시위로 베이징 시장이 사임하는 초유의 사례를 남겼다.

우리나라에서도 1932년부터 분뇨 수거 비용이 징수되자 부담을 느낀 시민들이 무단으로 분뇨를 투기하고, 분뇨 수거인들은 임금 인상을 요구하며 파업을 했다. 이런 상황이 계속되어 분뇨가 쌓여 환경과 위생 문제가 심각해지는 와중에도 일본인이 거주하는 지역의 분뇨는 비교적 제때 수거되었다고 하니, 암울한 시절에 일어났던 가슴 아픈 일이라 하겠다.

집 화장실을 자신이 하루 종일 차지하고 앉아서 옆집 화장실의 단골손님까지 빼앗아 오는 상술을 발휘하기도 했다. 중국 상하이에서는 일부 주민들이 여성용 화장실이 부족한 점을 악용해 관광객들에게 돈을 받고 화장실의 위치를 알려주거나, 화장실에 들어가 앉아 있다가 외국인들이 돈을 낼 때까지 비켜주지 않는 경우도 있었다.

국가고시 시험장의 '비닐봉투화장실' 몇 년 전 우리나라 각종 국가고시 시험장에서 사용하는 '비닐봉투화장실' 관행이 여론 재판의 도마에 올랐다. 그동안의 관행에 따라 사법시험장에서 용변을 볼 수 있는 비닐봉투를 나눠주고 시험 도중에 화장실에 다녀올 수 없게 했는데, 수험생들이 '판검사를 선발하는 시험장에서 투명한 비닐봉투를 주고 공개적으로 용변을 보게 하는 것은 인권 침해이자 해외토픽에 나올 일'이라며 항의한 것이다. 1970년대에 160분 동안 한 과목을 시험보면서 시작된 이 관행은 아직도 제대로 개선되지 않은 것으로 보인다. 조선 시대 과거시험장에서도 박으로 만든 요강(科場虎子)을 사용하게 했는데 이 요강에 예상답안을 넣어 시험장에 들어가서 급제한 사람도 있어서, 세간에서 그런 사람들을 호자당상(虎子堂上)이라 비꼬기도 했다. 사람 사는 세상에는 언제나 비슷한 문제들이 반복되기 마련이다.

북반구와 남반구, 나라에 따라 다른 화장실 사용법 사람 사는 세상이 다 비슷한 것 같지만 그렇지 않은 경우도 많다. 지구의 북반구와 남반구에서는 해시계가 반대방향으로 작동하고 나팔꽃 덩굴도 반대방향으로 휘감긴다. 서양식 변기의 물 흐름방식도 마찬가지다. 우리나라를 포함해서 영국, 미국 등 지구의 북반구에 있는 나라들은 수세식 변기 안의 물이 오른쪽으로 회전하는데 반해, 호주나 남아프리카 등 남반구에 있는 나라에서는 왼쪽으로 회전하면서 물이 내려간다. 화장실 안에서도 지구의 자전방향이 작동하는 것이다.

같은 문화권에 속하지만 우리나라와 일본의 변기 설치 방향도 다르다. 쪼그리고 앉는 동양식 변기를 설치하는 경우, 우리나라는 출입문을 보고 앉아 볼일을 보도록 변기를 설치하는데 반해 일본

공중화장실의 변기 설치 방향

일본에서는 벽을 보고 앉아 볼일을 보도록 변기를 설치하지만(왼쪽), 우리나라는 출입문 쪽으로 변기를 설치한다(오른쪽).

은 벽을 보고 앉도록 변기를 설치한다. 일본의 변기 설치 방식이 어디에서 비롯되었는지는 분명하지 않다. 갑자기 문이 열렸을 때 성기가 드러나지 않게 하려고 그랬다는 설도 있고, 변기에 앉은 사람과 문을 연 사람의 얼굴이 마주치지 않으려는 방법이었다는 설도 있다. 오래 전부터 일본의 무사들은 싸움을 하다가 쫓기는 쪽이 화장실로 피신했는데, 문 쪽을 보고 앉으면 계속 싸우겠다는 의지를 표현하는 것으로 판단되어 공격을 받기 때문에 싸움을 포기한

◆ '관악의 화장실은 해(解)우소 아닌 해(害)우소'

2001년 3월 서울대학교 신문사의 의뢰를 받아 화장실문화시민연대 표혜령 대표와 함께 학교 화장실을 점검하고 몇 가지 개선사항을 제안한 적이 있다. 일주일 뒤 발행된 대학신문에는 '관악의 화장실은 해(解)우소 아닌 해(害)우소'라는 제목으로 교내 화장실의 문제점과 개선점을 제시한 기사가 크게 보도되었다. 화장실 문제에 큰 관심을 보

인 대학신문과 기발한 제목을 붙인 대학생들의 기지에 크게 감동했던 기억이 새롭다. 그리고 다행스럽게도 이후 서울대학교 교내 화장실은 대폭 개선되었다.

대학생들의 창의력을 보여주는 신문 기사

다는 의사 표시로 벽 쪽을 향해 앉게 되었다는 이야기가 꽤 설득력이 있다.

　이유야 어찌되었든 문 쪽을 향해 앉는 우리나라의 방식이 보다 현명해 보인다. 안에 사람이 있다는 인기척을 하는데도 편리하고 냄새도 덜 나기 때문이다. 그래서일까. 최근에는 일본에서도 동양식 변기를 설치할 때 벽 쪽 보다는 옆으로 설치하는 사례가 증가하고 있다.

화장실 홍보대사의 시작은 대한민국 2009년 미국의 한 화장지 제조회사는 뉴욕 맨해튼 번화가에 위치한 공중화장실 홍보대사를 선발하면서 '6주 근무에 보수는 1만 달러!'라는 조건을 내걸었다. 연말연시에 맨해튼으로 모여드는 관광객을 위해 화장실을 제공하고 회사 제품을 선전하려 했던 홍보 전략의 일환이었다. 그런데, 그보다 먼저 화장실 홍보대사 시대를 연 나라는 우리나라다. 2007년 세계화장실협회를 조직한 심재덕은 주한 상공회의소 소장을 지낸 제프리 존스와 개그맨 세 명을 홍보대사로 임명했다. 이들은 미국과 달리 전 세계의 공익을 위해 무보수로 활동했다.

04

세계 각 나라의
화장실 문제와 대책

화장실도 주인을 잘 만나야 호강한다 캐나다 정부의 인디언 대표로 일했던 조지 구더럼의 기록에 따르면 20세기 초까지도 인디언의 후예들은 넓디넓은 대지를 화장실로 활용했다. 이들에게 주택은 공급되었지만 화장실은 없었다. 목수가 값싸고 간단한 2인용 옥외화장실을 몇 개 지어주자 인디언들이 귀하게 여겨 도둑이 들지 않도록 경비병까지 두고 세심하게 관리했다. 반면 1990년대 초 유니세프에서 보루네오 열대우림 지역의 위생 시설을 개선하기 위해 한 마을에 천여 개의 공중화장실을 제공했는데, 주민들은 몇 달 동안 화장실을 잘 이용했지만 관리를 전혀 하지 않았고 화장실 사용이 불가능해지자 다시 강물을 이용해 용변 처리를 했다. 화장실도 주인을 잘 만나야 호강하는 법이다.

한편 중동 지방의 사막에 사는 유목민들에 관한 이야기도 전한다. 유목민의 생활 개선을 위해 여러 단체에서 사막에 깨끗한 화장실을 지어 주었는데, 유목민들이 전통적 방식대로 사막의 풍뎅이들이 똥을 가져가도록 해서 화장실의 변기들은 곧 파리의 서식지이자 질병의 온상이 되었다. 현대식 방법이 언제나 전통에 앞서는 것은 아닌가 보다. 이 이야기들은 화장실을 지어주는 해외원조사업을 할 때, 기술적인 부분도 중요하지만 도움을 받는 국가의 문화를 먼저 이해하고 현지 실정에 맞는 화장실을 지어주면서 차츰차츰 업그레이드해야 보다 효과적이라는 사실을 일깨워준다.

화장실보다 휴대전화 사용률이 높은 인도 인구 많기로 둘째가라면 서러운 인도에서는 휴대전화 사용자가 화장실 이용자보다 많다. 2010년 기준으로 이동통신 가입자 수는 5억 6천만 명이나 되는데 비해 화장실 이용자는 인구의 3분의 2 수준인 3억 6천만 명에 불과하다. 휴대전화 보급률은 75퍼센트에 달하지만 화장실을 보유한 집은 전체 가구의 절반가량이다. 깨끗한 집에 불결한 화장실을 들여놓기를 꺼리는 인도 사람들의 문화 때문에 나타나는 현상이다.

다행스럽게도 최근 들어 화장실 설치를 위한 정부 보조금이 확대되고 대대적인 화장실 설치 운동이 일어나고 있다. '화장실이 없으면 신부도 없다(No Toilet, No Bride)'는 캠페인이 등장하기도 했는데 체면을 중시하는 인도 남성들의 자존심을 자극해서라도 화장실 이용자를 늘리겠다는 의지의 표현인 셈이다. 2014년 이후에는 나렌드라 모디 총리가 '화장실 설치 먼저, 신전 건설은 나중에 (First Toilets, Temples Later)'라는 정치 슬로건까지 내걸고, 염소 10마리를 팔아 집에 화장실 두 개를 설치한 104세 할머니를 찾아 무릎을 꿇고 감사인사를 했다. 현재 인도는 1억 1천만 개의 화장실을 만드는 '클린 인도' 사업을 진행 중이다.

중국 천안문광장의 비밀병기 공식적인 수용인원이 50만 명에 이르는 천안문광장은 중국의 심벌이자 수도 베이징의 얼굴이다. 버스를 개조한 특설 화장실이나 유료화장실이 있기는 하지만 수많은 인파가 모이는 만큼 화장실 대책이 문제가 아닐 수 없다.

그래서 천안문광장에는 비밀병기가 있다. 평소에는 위가 블록으로 닫혀 있어 일반 보도로 사용되는 광장 외곽의 하수구가 사람들이 많이 모이는 행사나 집회 때는 화장실로 변신한다. 블록을 들어 올리면 디딤돌이 하나 걸러 하나씩 놓여있어서 273개의 변기 구멍이 생긴다. 하수구 쪽으로 장막을 치지만 구멍과 구멍 사이에 칸막이는 없다. 대규모 행사나 집회가 끝나면 바로 뚜껑을 덮고 일반 보도로 전환된다. 세계에서 유일하게 존재하는 이 신기한 화장실은 배변을 할 때 그다지 부끄러움을 느끼지 않는 중국인들이기 때문에 사용이 가능하다고 볼 수 있다. 아직도 중국의 시골에는 문도 없이 하수구를 따라 나란히 앉아 볼일을 보는 화장실

베이징 천안문광장(왼쪽) 외곽에는 하수구가 있는데, 평소에는 블록으로 덮혀 일반 보도로 사용되다가 사람들이 많이 모이는 행사나 집회 때는 200개가 넘는 변기 구멍이 생기는 공중화장실로 변신한다(오른쪽).

이 많이 있다. 일부 학자들은 이와 같은 화장실이 존재하게 된 것이 모두 사회주의 이념의 산물이라고 주장하기도 한다.

사용한 휴지는 변기에 우리나라 화장실 문화는 많이 발전했지만 지금도 용변을 볼 때 사용한 휴지를 휴지통에 버리는 습관이 있다. 휴지의 질이 나쁘고 건물의 수압이 낮아 배관이 자주 막히던 시절에 생긴 습관인데, 보기에도 흉하고 악취의 원인이 되므로 고쳐야 할 부분이다. 외국여행을 할 때도 사용한 휴지를 휴지통에 버리는 관광객이 많아서인지, 일본의 관광지와 호텔 화장실에서는 "사용이 끝난 화장지는 변기에 흘려주세요."라는 한글 안내문을 자주 만나게 된다.

공중화장실 업무를 담당하는 행정안전부에서도 이런 습관을 개선하기 위해 '사용한 휴지 변기에 버리기' 캠페인을 범국가적으로 전개하고 있었는데, 2018년부터는 대변기 부스 내 휴지통 설치를 금지하도록 관련법규를 개정하였다. 화장지를 만드는 ㈜유한킴벌리에 따르면, 화장실용 휴지는 20초면 물에서 완전히 풀린다고 하니, 이번 기회를 통하여 오래된 습관이 개선되기를 기대한다.

화장실 빈부격차가 극심한 북한 북한이 정권 유지를 위해 지도층 달래기에 나서면서 소수 특권층의 과도한 사치가 만연한다는 사실이 알려졌다. 2013년 기준으로 북한에서 1억 원 이상을 소유한 부유층은 25만 명 정도로 전체 인구의 1퍼센트이다. 이들 대부분은 60-70평형 아파트에 거주하면서 외제차를 타고 명품을 사용하며, 집 안에 사우나 시설과 100만 원이 넘는 수입변기까지 설치했다는 소식이 들린다. 반면 일반인이 거주하는 대부분의 아파트 단지에는 재래식 공동화장실이 있어서, 아침마다 주민들이 화장실 앞에 길게 줄을 선다. 화장실에서도 빈부격차가 극심한 듯하다.

8
—

음양의 삶을 담은
화장실

01

인간사의 음양이
공존하는 공간,
화장실

화장실은 인간사의 음양(陰陽)이 담긴 공간이다. 화장실에서 발생하는 사건사고가 무수히 많은데, 우리의 마음을 어둡게 하고 종종 듣기 괴로운 이야기들이 화장실을 매개로 펼쳐진다. 흥미로운 사실은 화장실 자체의 문제 때문에 일어나는 사건사고도 많지만, 그보다는 인간의 사악한 마음에서 비롯되는 의도적인 사건과 사고가 더 많다는 점이다. 화장실에서 발생하는 절도나 폭행, 그리고 '묻지 마 살인'처럼 말이다. 앞으로도 이런 사건들이 화장실에서 계속 발생할 것이라는 사실이 더욱 마음을 무겁게 만든다.

하지만 한편으로 화장실은 참으로 재미있고 유쾌한 이야기들이 펼쳐지는 공간이기도 하다. 화장실에서 펼쳐지는 유머와 황당한 사건들을 들으며 한바탕 웃어보거나 미소를 머금는 것도 일상의 힐링을 위해 필요한 일이 아니겠는가.

사고의 원천,
화장실 — 화장실에서 일어난 황당한 사건사고들

강으로 떨어지는 배설물들 중세 시대의 영국 런던에는 템스 강 다리를 따라 138개의 공중변소가 설치되어 있었는데, 다리 위에서 버리는 배설물이 템스 강으로 떨어지게 하는 열악한 구조였다. 시도 때도 없이 공중변소에서 떨어지는 배설물 때문에 강가를 걷거나 배를 타고 강을 지나는 사람들은 봉변을 당하기 일쑤였다. 그래서 '현명한 사람은 위로 건너고, 바보는 아래로 건는다.'는 말이 유행하기도 했다. 흥미롭게도 이 공중변소들은 앞뒤로 문이 설치되어 있어서 쫓기는 빚쟁이들이 도망가는 통로로도 활용되곤 했다.

독일 황궁의 화장실 붕괴 사건 12세기 말 독일 팔츠부르크 성의 화려한 연회장에서 수백 명의 귀족이 모여 회의를 하고 있었다. 이때 회의장을 받친 대들보가 무너져 회의장 전체가 아래 있던 분뇨

구덩이로 내려앉고 말았다. 황제 프리드리히 1세는 창문에 매달려 간신히 위험을 모면했지만 이 사건으로 수많은 귀족과 기사들이 사망했다. 나무대들보가 썩을 정도로 오랫동안 분뇨 구덩이를 청소하지 않아 일어난 사고였는데, 2014년 우리나라 분당에서 발생한 환기구 붕괴사건을 연상하게 한다. 예나 지금이나 안전 문제는 아무리 강조해도 부족함이 없다고 하겠다.

이슬람교도의 소변보는 습관을 몰라 죽을 뻔한 사나이 19세기의 이야기이다. 낯선 문화에 큰 호기심을 품은 탐험가 리처드 버턴은 이슬람의 성지를 보고 싶은 나머지 이슬람교도로 위장하고 메카로 잠입했다. 당시 성지에 들어가는 일은 이슬람교도에게만 허락되어 있었다. 메카를 순례하던 버턴은 갑자기 소변이 마려워 화장실로 뛰어가 평소 습관대로 서서 소변을 보다가 이슬람교도에게 발각되었다. 이슬람교도는 쭈그리고 앉아서 소변을 본다는 사실까지는 몰랐던 것이다. 마침 주위에 다른 사람들이 없어서 자신을 발견한 사람을 죽여 버리고 목숨을 구한 그는 메카를 구경한 최초의 서구인이 되었다.

변기 위로 떨어진 치한들 2013년 미국 조지아 주 애틀랜타 한인 타운에 위치한 한 극장에서는 친구 사이인 남성 두 명이 화장실 천장에서 여성들의 용변 보는 모습을 훔쳐보다가 천장이 무너지는 바람에 변기 위로 떨어졌다. 이렇게 화장실과 관련한 잡다한 사건

사고들은 시도 때도 없이 세계 어디서나 일어난다.

메탄가스가 폭발한 공중화장실 1991년 중국 베이징 교외의 여성용 공중화장실에서 농축되어 있던 메탄가스가 성냥불에 점화되어 폭발하는 사건이 일어났다. 다행히 인명피해는 없었지만 하필이면 이날이 중화인민공화국 건국일이어서 파장이 매우 컸다.

'Bathroom'은 되고 'Toilet'은 안 된다? 영국 왕위 계승 서열 2위인 윌리엄 왕자와 여자 친구 미들턴이 연애를 하다 헤어지게 된 이유 가운데 하나가, 미들턴의 어머니가 왕실 인사들과 함께 한 자리에서 '화장실(Bathroom)' 대신 '변소(Toilet)'라는 단어를 사용했기 때문이라고 한다. 영국 상류층은 '화장실(Bathroom)'이라는 단어를 사용한다. 영국인들은 아직도 여러 방법으로 계층을 구분 짓곤 한다는데, 화장실도 예외는 아닌가보다.

똥 떨어지는 소리 기다리다 변기에서 사망한 노인 석유 발굴 작업이 한창이던 미국에서 있었던 사건이다. 한 석유회사가 농장 바닥에 시추구멍을 뚫다가 다시 메우려던 중에 노년의 농장주가 마침 화장실을 새로 지으려던 참이니 그냥 놔두라고 했다. 업자들이 돌아가자 노인은 시추공을 대충 정리해 화장실로 만들고 앉아서 볼일을 보았다. 한참을 기다려도 노인이 나오지 않아서 가족들이 찾아가보니 노인이 앉은 채로 죽어 있었다.

노인의 손자가 말하기를 "할아버지는 용변을 볼 때 아래에서

'쿵' 하고 변이 떨어지는 소리가 들릴 때까지 숨을 참는 습관이 있었다."는 것이다. 석유회사가 뚫어놓은 시추구멍이 너무 깊어서 노인이 '쿵' 소리가 들릴 때까지 숨을 참고 기다리다 사망했다는 것이 가족들이 내린 결론이었다.

화장실 쟁탈전이 살인 사건으로 1981년 프랑스 잡지 「피가로」에 실린 내용을 들여다보자. 정년퇴직을 한 두 노인이 한 아파트에서 화장실을 함께 사용하며 살았다. 당시 황혼노인들의 일반적인 생활패턴이었는데, 문제는 두 노인이 화장실을 이용하는 시간대가 같은데서 발생했다. 두 사람은 저녁 8시 뉴스가 끝나기 무섭게 화장실로 달려갔는데 먼저 들어간 사람이 신문을 읽거나 라디오를 들으며 나올 생각을 하지 않았다. 두 사람의 갈등은 갈수록 심해졌다. 어느 날 한 노인이 화장실 벽에 상대방에 대한 걸쭉한 욕지거리를 낙서로 남겼고, 이 사건을 계기로 다음 날 다른 한 노인이 화장실문을 부수고 들어가 변기에 앉아있던 노인을 권총으로 쏘고 말았다. 사건을 취재한 잡지사의 기자는 배가 고파 맺힌 한이 무섭다고 하지만, 볼일 보는 일 때문에 생긴 원한도 만만치 않은 모양이라고 꼬집었다.

뛰는 경찰 위에 나는 '화장실 도둑' 미국 뉴저지 주에서는 여성용 공중화장실에서 문고리에 걸어놓은 핸드백에서 지갑만 쏙 빼가는 절도 사건이 자주 발생했다. 경찰은 대변기 칸막이 안에 달린 옷걸이를 모두 없애버렸다. 하지만 도둑들은 즉시 대책을 마련했는데, 사비를 털어 옷걸이를 다시 달아놓고 절도 사업을 계속했다. 뛰는 경찰 위에 나는 도둑이 있었던 셈이다.

한편 워싱턴 시는 화장실과 관련해 지방 정부의 기능이 마비되는 사태를 겪었다. 화장실 용품을 공급하던 업체가 시에서 밀린 대금을 받지 못하자 납품을 중단해 버린 것이다. 잠시 동안이었지만, 수천 명에 달하는 시청 직원들이 제공되던 화장지 없이 화장실을 이용해야 했다고 한다.

현금을 흘리려면 화장실에서 흘려라 일본에서 일어난 황당한 사건을 살펴보자. 화장실에서 볼일을 보던 한 회사원이 100만 엔이 묶인 현금다발을 변기 속에 떨어뜨리자, 수세식 변기가 돈을 정화조 속으로 흘려보냈다. 소식을 들은 직원들이 정화조를 갈퀴로 휘저어 60퍼센트에 해당하는 57만 엔을 회수했다고 한다. 1977년에는 이런 일도 있었다. 한 전철역 화장실에서 볼일을 보던 사람이 배에 두르고 있던 현금 30만 엔을 변기 속에 떨어뜨렸는데, 본인이 바로 손을 뻗어 5만 엔을, 역 관계자들이 정화조를 수색해서 14만 엔을, 다음날 아침 2킬로미터 떨어진 하수처리장에서 1만 엔을 되찾아 회수율 60퍼센트를 기록했다.

한편 다른 전철역 근처에서 누군가 1만 엔 권 110장을 바람 때문에 날려버린 적이 있는데, 사람들이 주워서 가져다준 돈은 37만

엔으로 회수율이 34퍼센트밖에 되지 않았다. 그래서 일본에서는 돈을 흘려도 화장실에서 흘려야 회수율이 높다는 이야기가 나돌기도 했다.

화장실과 교통의 상관관계 2010년 1월 아침 출근길 서울 종각역 사거리가 자동차로 꽉 막혀 일대 혼란이 벌어졌다. 원래 출근시간대에는 신호등 조작을 수동으로 하는데, 일을 맡은 신참 여경이 신호등 조작 작업을 하던 중에 갑자기 화장실에 가야 할 상황이 되었다. 여경은 신호를 바꾸자마자 잽싸게 길 건너에 있는 건물 화장실로 달려갔다. 다음 신호로 바꾸기 전에 볼일을 마치고 돌아오면 된다고 판단한 것이다. 그런데 그날따라 하필이면 화장실 문이 잠겨 있어서 다른 화장실을 찾다가 볼일도 보지 못하고 돌아왔다. 그 사이 도로는 자동차 경적소리와 무단 횡단하는 시민들로 아수라장이 되어 있었다. 여경이 교통신호를 자동으로 바꾸었거나, 아니면 화장실 문이 잠겨 있지만 않았어도 그냥 지나칠 수 있는 일이었다. 안타깝게도 담당 여경은 가벼운 징계를 받고 다른 부서로 옮기게 되었다. 다소 억지스럽기는 하지만, 화장실과 도로교통의 관계가 이런 결과도 초래할 수 있다는 교훈을 보여주는 하나의 사례라 하겠다.

화장실에 갇힌 사람들 2013년 10월 한 노인이 딸에게 집을 맡기고 유럽을 여행하던 중이었다. 딸이 5일 동안 전화를 받지 않자 딸이

다니던 회사와 집 근처 파출소로 긴급연락을 했다. 확인을 한 결과 딸은 화장실에 들어갔다가 문이 고장 나서 무려 5일이나 갇혀 있었다. 화장실에서 수돗물만 먹고 살던 그녀는 실신 상태로 구조되었다.

영국의 한 간호사는 친구들과 새해맞이 행사를 하다가 새해가 되기 전날 밤 문이 고장 난 화장실에 갇혀 화장실에서 새해를 맞이하기도 했다. 다행스럽게 얼마 지나지 않아 신고를 받고 출동한 소방관에게 구출된 그녀는 "느긋하게 앉아 신년 카운트다운을 지켜보려 했는데 화장실에 갇혀 있었다니 믿어지지 않는다."는 소감을 전했다.

한국과 일본의 '뒷간 마찰' 2015년 11월, 일본 도쿄 야스쿠니 신사 남문 근처 공중화장실에서 폭발음이 울리고 연기가 솟아올랐다. 신고를 받고 출동한 경찰은 화장실 내벽과 천장 일부가 불에 탄 흔적을 발견하고 주변 CCTV 자료를 종합해 한 남성을 검거했는데, 용의자로 지목된 그 남성은 한국인이었다.

그리고 한 달 뒤 요코하마 한국 총영사관에 상자 하나가 날아들어 열어보니 배설물이 들어있었다. 상자에는 '야스쿠니 신사 폭파 시도에 대한 보복'이라는 설명이 씌어있었다. 한국인의 '뒷간 도발'에 대한 일본인의 '인분 보복'인 셈이다. 이 사건을 계기로 한일 간에는 필요 이상의 쓸데없는 신경전이 오갔다. 우리나라든 일본이든 수준 이하의 불필요한 애국심은 사라질 때도 되지 않았는가.

교회 화장실을 이용하다 절도 미수죄에 걸린 사람 2004년 서울 노원구의 한 교회 앞을 지나던 사람이 볼일이 급해 교회 창문을 열고 안으로 들어갔다가 순찰 중이던 교회 관리인에게 잡혀 경찰서에서 조사를 받게 되었다. 그런데 조사 과정에서 상습절도 경력이 발각되어 야간 건조물 침입혐의로 구속되었다. 그는 법원에서 '물건을 훔치러 들어간 게 아니라 화장실을 가야하는데 교회 정문이 잠겨 어쩔 수 없이 창문을 이용했을 뿐'이라며 억울함을 호소했다. 법원에서는 그의 말이 사실인지 알아보기 위해 화장실 내에 대변기가 몇 개 있는지 물어보았고, 그는 "대변기는 두 개"라며 자신 있게 정답을 내놓았다. 그리하여 절도 미수혐의에 대해서는 무죄를 선고받았으나 과거 범죄사실 때문에 야간 공동주거 침입죄로 징역 4월을 선고받았다.

그날의 충격으로 화장실 문 열고 용변 2010년 11월 북한의 연평도 피격사건이 일어났다. 당시 임시 피난소였던 한 공중목욕탕에서 포격 후유증 때문에 심리치료를 받고 있던 주민 가운데 80세 김모 할머니가 "대피소로 온 이후 화장실에서 문을 닫고 볼일을 보려면 무서워서 문을 열어놓고 용변을 본다."고 말했다. 연평도 주민 중에서 많은 중년 여성들이 화장실 문을 닫지 못할 정도로 힘들어하는 경우가 많았다. 피격사건 후 화장실을 포함한 시민 대피시설이 많이 보완된 것으로 확인되었지만, 대규모 지진발생 등에 대비한 '비상시의 화장실 대책'도 한 번쯤 챙겨 보아야할 시점이다.

화장실은 사회의 어두운 면을 반영하는 거울 스위스 주네브대학 안에 있는 화장실은 조명이 푸른색 형광등이어서 매우 어둡다. 어두운 조명 아래서는 근육의 정맥이 잘 보이지 않기 때문인데, 학생들이 화장실에서 몰래 마약주사를 맞지 못하게 하려는 조치이다. 주네브대학은 양호한 편에 속한다. 뉴욕에서는 약물 주입과 성폭행을 비롯한 범죄의 소굴이 되어가는 지하철역 안의 화장실이 계속 폐쇄되고 있다. 이렇게 화장실은 부적절한 행위를 하는 장소로 많이 활용되어 사회의 어두운 면을 반영하는 거울이 되기도 한다.

술집 여자화장실은 범죄의 공간에서 제외된다? 서울 노원구의 한 술집 여자화장실에서 여성들이 용변을 보는 모습을 촬영한 혐의로 기소된 남성에게 법원은 몰래카메라를 촬영한 혐의는 인정했지만 여자화장실에 들어간 혐의는 무죄라는 판결을 내렸다. 술집 여자화장실은 성폭력법상 공중화장실이 아니라는 게 이유였다. 법을 매우 엄격하게 적용한 결과이기는 하지만, 법원의 성범죄 판결이 국민의 법 감정과는 거리가 있다는 주장이 제기되기도 한다. 화장실과 관련된 범죄행위는 문화 발전과 상관없이 계속 발생하

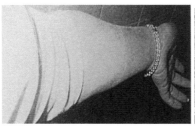

범죄의 장소로 활용되는 화장실 화장실은 각종 사건 사고가 일어나는 원천이자 사회의 어두운 면을 반영하는 거울이기도 하다. 스위스 주네브대학에서는 화장실에서 마약주사를 맞는 학생들이 늘어나자 근육의 정맥이 잘 보이지 않게 하려고 푸른색 형광등을 설치했다(왼쪽). 2016년에는 우리나라 강남역 근처 공용화장실에서 '묻지 마 살인' 사건이 일어나 시민들의 추모 공간이 마련되기도 했다.(오른쪽).

리라는 생각에 씁쓸함을 지울 수 없다.

강남역 공용화장실의 '묻지 마 살인' 사건 2016년 5월 서울 강남역 근처 남녀공용화장실에서 20대 여성이 낯선 남성이 휘두른 흉기에 찔려 사망한 '묻지 마 살인' 사건이 일어났다. 사회적 약자인 여성이 아무 이유 없이 희생되었다는 점에서 여성들이 방범 사각지대에서 느끼던 불안을 가중시켰다. 이 사건을 계기로 정부도 남녀공용화장실의 개선방안을 협의 중에 있다. 문제의 본질은 화장실 자체가 아니라, 화장실을 이용하는 '인간'에게 있는데, 본질이 계속 전도되는 것 같아 아쉬운 마음을 숨길 수 없다.

사건 발생 후 2년이 되는 지난 5월에 현장 주변 화장실을 점검해

보았으나 '비상벨' 등의 추가설치 등이 이루어지고는 있었으나, 시설 자체가 근복적으로 개선된 경우를 찾아 보기는 힘들었다.

03

힐링의 공간,
화장실 — 화장실 유머와 함께하는 힐링

변비와 설사가 동시에 찾아오면 "학문(항문)에 힘쓰고, 학문(항문)을 넓히고, 학문(항문)을 닦는다" 우스갯소리로 많이 활용되는 글귀인데, 전혀 관계없는 두 단어 '학문'과 '항문'이 같은 용례로 사용되는 경우라 하겠다.

논리적으로는 말이 되지 않지만 사람에 따라 변비와 설사가 동시에 찾아오는 모순도 발생한다. 전문용어로 '분변매복(Fecal impaction)'이라고 하는데, 딱딱한 똥 덩어리가 항문을 꽉 틀어막아서 정상적인 변이 빠져나오지 못하고 묽은 설사가 딱딱한 똥 사이로 새어나오는 현상으로 '넘치는 설사'라고도 부른다. 이때 변비와 설사에 필요한 약을 같이 먹으면 설사약이 승리한다는 모순 같은 현실도 존재한다.

화장실에서 시작된 '넛지 효과' 네덜란드 암스테르담 스키폴공항의 남자화장실에서 시작된 이야기이다. 이 화장실 소변기의 중앙부에는 파리 한 마리가 그려져 있다. 볼일을 보는 남성들은 무의식적으로 파리를 조준해서 집중발사를 하게 되고, 덕분에 소변이 변기 밖으로 튀는 양이 현저히 줄어 청결한 화장실이 유지된다. 볼일 보러 화장실에 들어온 남성들이 파리 한 마리에 낚인 격이다. 경제학자 아드 키붐이 소변기 주변을 청결하게 할 수 있는 방법을 찾다가 제공한 아이디어라고 한다. 이렇게 직접적인 표현보다 간접적인 방법으로 이용자의 마음을 움직이는 경우를 '넛지(Nudgy) 효과'라고 하는데, 이 사례는 일반적인 경영분야에서도 널리 유용하게 활용된다.

처칠의 화장실 유머 감각 영국 수상 처칠도 화장실과 관련된 일화를 남겼다. 어느 날 처칠은 의회에서 대정부질문에 답변하던 중 휴식 시간을 이용해 화장실에 갔다. 화장실에서는 대규모기업의 국유화를 주장하던 노동당 당수가 소변을 보고 있었는데 바로 옆 소변기가 비어있음에도 처칠은 몇 칸 떨어진 곳으로 갔다. 노동당 당수가 "왜 화장실에서까지 나를 피하는 거요?"라고 묻자 처칠이 미소를 머금으며 답했다. "그대는 큰 것만 보면 국유화를 주장하시니 제 물건을 보고도 그렇게 주장하실까봐."

또 한 번은 처칠이 만세를 부르듯 두 팔을 위로 올려 벽을 짚고 소변을 보고 있었다. 주위에 있던 사람들이 놀라 무슨 일이냐고 묻자 처칠이 태연하게 말했다. "어제 병원에 갔더니 주치의가 무거운 물건은 절대 들지 말라고 합디다." 존경받는 정치인의 화장실 유머 감각을 보여주는 대목이라 하겠다.

대학 졸업식 날 박사들이 화장실에 모인 이유 대학교 학위수여식 때 식장에 참석하는 관계자들이 학위 받을 당시의 가운을 입는 것은 세계 여러 나라의 공통된 관습이다. 외국 한 대학교의 졸업식 날, 총장을 비롯한 교수들이 박사학위 가운을 차려입고 식장으로 향

◆ **화장실 수수께끼**

- 똥은 똥인데 이리저리 튀는 똥은? **불똥**
- 똥의 성은? **'응'가**
- 남자들은 이것 앞에서 무릎을 꿇는데, 여자들은 깔아뭉개는 이것은? **요강**
- 화장실에서 갓 나온 사람은? **일 본 사람**
- 소는 소인데, 못 걷는 소는? **변소**
- 앞집에서는엔 비가 오고, 뒷집에서는 떡 만드는 곳은? **변소**(대변기 부스 안)
- 한 번 나오면 못 들어가는 것은? **똥**
- 소리는 나도 잡지 못하는 것은? **방귀**
- 우리나라 최초의 화장실은? **전봇대**
- 화장실(Toilet)에서 내가(I)가 빠지면? **임대(To Let)**

했다. 앞장서서 걷던 총장이 소변이 마려워 뒤따르던 부총장에게 화장실에 들렀다 가겠다는 의미로 간단히 목례를 하고 화장실로 들어갔다. 그런데 총장의 뜻을 알아차리지 못한 부총장은 뒤따라오던 동료 교수에게 목례를 하고 총장을 따라 화장실로 들어갔다. 이 행동이 뒤로 전달되면서 박사학위 가운을 입은 석학들이 일시에 화장실로 집합해 영문을 모른 채 서로 얼굴만 멀뚱멀뚱 쳐다보는 해프닝이 일어났다.

공중화장실에서 제일 좋은 칸을 찾는 방법 화장실에서 세균에 관한 연구를 했던 미생물학자 찰스 거버는 공중화장실에서 칸(Booth)을 선택할 때는 첫 번째 칸을 택하라고 조언했다. 공중화장실을 이용하는 사람들이 일반적으로 가운데 칸을 선호하기 때문이라고 하는데, 결국 그의 결론은 이랬다. "이 내용을 읽은 독자들이 모두 첫 번째 칸을 선택할 것이므로, 이제는 마지막 칸이 어떨까!" 그렇게 보면 첫 번째 칸이냐, 마지막 칸이냐가 중요한 게 아니다. 최상의 선택은 빨리 빈 칸을 찾는 것이고, 그 다음에는 눈에 먼저 들어오는 칸으로 빨리 들어가는 것이 최선이다.

코끼리 똥에 관한 헛소문 1998년 독일 파더보른 시의 한 동물원에서 사육사가 코끼리 똥에 깔려 사망했다는 소식이 광범하게 유포되었다. 변비에 걸린 코끼리에게 완화제 한 알과 관장약 한 알을 주었는데 약의 효능이 지나쳐서 한꺼번에 100킬로그램이나 되는 대변이 쏟아지는 바람에 사육사가 똥에 깔려 질식사했다는 것이다. 확인 결과 파더보른 시에는 동물원이 없었고, 이 이야기는 새빨간 거짓말로 밝혀졌다. 언제 어느 곳을 막론하고 사람 사는 세상에는 터무니 없는 루머들이 생기는 모양이다.

화장실과 침례교의 연관성은? 방학 때 자녀를 교회 여름캠프에 보내기로 마음먹은 미국의 한 주부가 야영장의 화장실 사정이 궁금해 관리인에게 편지를 보냈다. 그녀는 나름 예절을 갖추기 위해 화장실을 'BC(Bathroom Commode의 약칭)'라고 표현했다. 편지를 받은 관리인은 'BC는 야영장에서 북쪽으로 약 14킬로미터 떨어진 지점에 있으며 250명이 한꺼번에 이용할 수 있습니다. 거리가 멀어서 사람들이 도시락을 싸 가지고 가서 즐겁게 놀다옵니다.'라는 답장을 보냈다. 야영장 관리인이 편지의 'BC'를 침례교(Baptist Church)의 약칭으로 알고 야영장 근처에 있는 침례교회를 안내한 것이었다.

세상에서 가장 외설스런 변기 중국 명나라 때 재상 엄분선은 상당한 재력가이면서 가학적인 변태 성욕자였다. 그는 금과 은으로 속이 빈 여자 인형을 만들고 화장까지 시켰다. 그리고 인형의 성기에 소변을 보았다고 한다. 이 인형은 역사상 가장 외설스러운 변기로 기록되고 있으며, 하늘도 무심치 않아 엄분선은 뒷날 명예와 재산을 모두 잃고 귀양 가서 죽었다고 전한다.

오줌누기 내기에서 여자가 남자를 이기는 법 어느 날 한 술집에서 여주인이 남자 손님과 술에 취해 말다툼을 벌였다. 여자가 남자보다 더 멀리 오줌을 눌 수 있다고 자랑하자 남자가 그건 불가능한 일이라며 내기를 제안했다. 여주인은 흔쾌히 받아들이며 한 가지 조건을 제시했다. "절대 손은 사용하지 않기!"

화장실 변기에서 쏟아진 석유 2004년 미국 텍사스 주에 거주하는 한 여성의 집 바닥과 화장실 변기에서 갑자기 석유가 쏟아져 나왔다. 이 집이 버려진 유정(油井) 위에 세운 것으로 추정되었는데, 평소 '텍사스의 집들은 저마다 마당에 유정을 지니고 있다'고 입버릇처럼 말하던 이 여성은 자신의 예언대로 돈방석에 앉게 되었다. 똥과 화장실이 예로부터 부(富)와 깊은 관계를 맺고 있음이 증명된 사례라고나 할까.

유료화장실이 선불인 이유 현재 우리나라에서는 유료화장실이 운용되지 않지만, 중국을 포함한 세계 여러 나라에는 유료화장실이 생각보다 많다. 이 화장실들은 화장실에 들어가기 전에 이용료를 지불하는 '선불시스템'을 적용하고 있는데, 아마도 '화장실 들어갈 때 마음과 나올 때 마음이 다르기 때문'은 아닐까. 참고로 우리나라도 유료화장실을 설치 운영할 수 있는 근거는 법률로 마련되어 있다.

남녀평등에 어긋나는 화장실 사용법 남성보다 여성에게 더 비싼 화장실 입장료를 받는 나라가 있다. 화가 난 한 여성이 소변을 보고 나오면서 관리인에게 따져 물었다. "남녀평등에 어긋나게 왜 여성에게 더 많은 돈을 받나요?" 그러자 관리인이 답했다. "당연하지 않소? 여자는 좌식(坐式)이고 남자는 입식(立式)이니까." 이 경우와 정반대로 남녀평등에 어긋나는 사례도 있다. 늦은 밤 데이트를

◆ 소변 보는 모양으로 알아보는 성격 유형

흥분형 입고 있던 바지가 반쯤 돌아가 바지구멍을 빨리 찾을 수 없을 때 바지를 찢는 유형

사교형 자신의 볼일이 급하던 안 급하던 상관없이 꼭 친구를 따라가 볼일을 보는 유형

사팔뜨기형 옆에서 소변보는 사람이 어떻게 포경수술을 했는지 정신없이 보면서 볼일을 보는 남자

겁쟁이형 누군가가 옆에서 지켜보고 있으면 볼일을 볼 수가 없어 변기에 물만 내리고 나중에 다시 오는 유형

무차별형 모든 소변기가 사용 중인 경우에는 앞뒤를 살피지 않고 세면대에다 볼일을 보는 남자

어린애형 오줌줄기를 변기의 아래 위, 그리고 좌우로 흔들어 대며 열심히 파리나 벌레를 맞추려고 하는 사람

즐기던 남녀가 볼일이 너무 급해 함께 노상방뇨를 하다가 지나던 경찰에게 발각되었다. 경찰은 남자에게 2만원, 여자에게 1만원의 과태료를 부과했다. 남자가 따져 물으니 경찰은 이런 대답을 내놓았다. "당신은 마지막에 흔들지 않았소? 그러니 두 배를 내야지!"

율법을 지키느라 화장실에서 죽은 유대인 율법을 준수하기로 유명

불안형 자기물건이 잘 있는지 먼저 확인하고 소변 보는 유형

스포츠형 2m 후방에서 정확히 변기에 소변을 보는 유형

낙담형 한참을 기다리다 소변이 안 나오면 포기하고 그냥 가는 유형

기만형 약 10cm 미만의 물건을 마치 야구방망이 붙잡듯이
두 손으로 붙잡고 볼일을 보는 유형

황당형 소변을 보기 위하여 서 있는 긴 줄에 이를 악물고 끝까지 서 있다가
결국 팬티에 실례를 하는 인간

여우형 볼일을 보면서 조용히 방귀를 뀌고는 아무 일 없었다는 듯이
옆 사람 얼굴을 빤히 쳐다보는 사람

꽃가게 점원형 모든 변기에 돌아가면서 조금씩 소변보는 사람

치밀형 대변이 마려울 때까지 꾹 참았다가 대소변 두 가지를 한꺼번에
해결하는 유형

한 유대인들은 지금도 안식일인 토요일에는 기도하고 예배를 보는 외에는 아무 일도 하지 않고 토요일을 보내기 위해 호텔을 많이 이용한다. 그런데 화장실에서 용변을 본 뒤 뒤처리를 하려고 휴지를 감아 끊는 행위가 '특수한 일'에 해당하기 때문에 유대인들이 이용하는 호텔 화장실에는 휴지를 낱장으로 뽑아 쓸 수 있는 장치가 되어 있다. 유대인의 율법에서는 휴지를 끊는 것은 '일'이 되지만 휴지를 뽑는 것은 '일'에 해당하지 않기 때문이다. 또 집에서 가스레인지의 불을 켜고 끄는 것도 '일'에 해당되어 아예 안식일 전날부터 불을 켜놓고 생활을 한다. 다행스럽게도 가스불의 강약을 조절하는 것은 '일'에 해당하지 않는다고 한다.

◆ **똥 나라 이야기**

- 똥 나라의 왕비는 변비, 아나운서는 변사, 똥 나라에 사는 뱀은 설사
- 똥 나라의 서생원은 뿌지쥐, 똥 나라의 도자기는 변기
- 똥 나라의 여인들이 즐겨드는 가방은 루이비똥
- 똥 나라 강의 이름은 구린 내 (川), 똥 나라 국조 (國鳥)는 정화조, 똥 나라 사람들이 사는 동네는 변 (便)두리
- 똥 나라에서 변비에 걸린 남자는 변변치 못한 놈

이런 엄격한 율법을 준수하느라 화장실에서 목숨을 잃은 유대인도 있었다. 15세기 영국 런던에서 있었던 일이다. 어느 토요일에 한 유대인이 화장실 밑에 빠지게 되었는데 마침 안식일이어서 유대인은 구출되는 것을 거부했다. 그 장소를 관할하던 기독교인 백작은 기독교의 안식일인 다음날, 즉 일요일에도 그를 화장실에서 꺼내 주지 말라고 명령했고, 결국 그 유대인은 화장실에서 비참하게 죽었다. 엄격하게 율법을 준수하는 유대인에 대한 영국인들의 염세적인 유머를 입증하는 이야기가 아닐까 싶다.

영어를 모를 때 남녀화장실을 구분하는 방법 일본의 경제성장이 한창이던 1960−1970년대 해외여행이 유행했다. 질서와 예절을 중시하는 일본 정부는 해외여행자들을 대상으로 여행할 때 주의사항을 포함한 예절교육을 실시했는데, 특히 나이 많은 사람들은 화장실 이용법을 자주 질문했다. "영어를 못하는데 미국에 가면 화장실에서 남성용과 여성용을 어떻게 구분하나요?" 어느 날 대답이 궁했던 한 강사가 재치 있는 답을 내놓았다. "정 구별이 안 되면 글자 수가 적은 쪽(MEN)이 남성용, 많은 쪽(WOMEN)이 여성용이라고 생각하십시오." 그런데 막상 미국에 가보니 주마다 화장실 표기법이 달라서 남성용 화장실 입구에 'GENTLEMEN', 여성용 화장실 입구에 'LADIES'로 표기된 곳이 있었다. 배운 데로 실천한 노인들이 여자들은 남성용 화장실로, 남자들은 여성용 화장실로 몰려 들어가는 해프닝을 벌였다.

참고로 화장실을 나타내는 영문 표기는 반드시 복수(複數)로 해야 하는데 단수와 복수를 섞어 쓰는 경우도 많다.

'다불유시(多不有時)'의 참된 의미 한 등산객이 경치 좋은 시골 마을을 지나다가 길옆 허름한 쪽문에 한문으로 '다불유시(多不有時)'라고 쓰인 간판을 보게 되었다. 글귀의 의미를 '많지 않고, 시간은 있음'이라고 해석한 그는 심오한 철학을 하는 유명한 도사라도 살고 있을 듯해서 문을 두드렸으나 인기척이 없었다. 잠시 후 옆 가게에서 허름한 옷차림을 한 노인이 나오더니 기웃거리는 등산객

◆ **한국어 '똥 싸'의 다양한 의미**

화장실 대변기 부스에 들어가 변기에 앉았는데 밖에서 친구가 말을 건다.

친구 : 똥 싸?　　　　(해설) 지금 똥 싸니?

나 :　 똥 싸　　　　(해설) 응. 똥 싼다.

친구 : 똥 싸??　　　 (해설) 진짜 똥 싸냐? 담배피우는 것 아냐?

나 :　 똥 싸!!　　　 (해설) 아니, 진짜 똥 싸고 있다.

친구 : 똥 싸!　　　　(해설) 그래! 그럼, 똥 싸라.

역시 우리나라 말은 세계 최고의 언어임에 틀림이 없다.

에게 무엇을 하느냐고 물었다. 등산객이 문 안에 있는 도사님을 만나고 싶다고 하자 노인은 퉁명스럽게 대답했다. "거기 아무도 안살아!" 등산객이 그러면 저 글귀를 누가 적었느냐고 묻자, 노인은 자신이 적었다고 말했다. 공손하게 글귀의 뜻을 물어보니 노인의 기막힌 답이 돌아왔다. "그거 별거 아니야. 화장실이라는 뜻이야. 다불유씨(WC)도 몰라?"

화장실에는 용이 산다 화장실에 귀신이 산다는 전설은 세계 여러 나라에 전해오지만, 그저 전설일 뿐 실제로 화장실에 귀신이 있다고 믿는 사람은 없을 것이다. 대신 요즘은 화장실에 용이 있다는 이야기가 등장했다. 화장실 종류와 규모에 따라 용의 숫자도 다르다고 한다. 고속도로 휴게소의 화장실처럼 규모가 큰 곳에는 여러 마리가 있고, 집 화장실처럼 작은 곳에는 한 마리만 있다는 것인데 실상은 이렇다. 대규모 화장실에는 남자용, 여자용, 장애인용, 어린이용이 있고 소규모 화장실에는 남녀공용 한 마리만 존재한다.

'똥인'과 '똥똥인' 정치계에도 화장실과 관련한 유머가 있다. 2010년 당시 민주당의 김영한 대변인은 정당 대변인을 풍자하는 동시(童詩) '똥똥인'을 발표해 화제를 모았다. 이 시에서 자신은 대변인(代辯人)이므로 똥인(大便人), 그리고 당시 자민련의 변웅전 대변인은 '똥똥인(便大便人)'이라고 풍자했다. 삭막한 정치계에 등장했던 위트 있는 이야기다.

천국은 화장실에 있다 한 목사가 설교 시간에 아이들에게 "천국이 어디 있는지 알아요?"라고 물었다. 많은 아이들이 외쳤다. "하늘나라요!" 그런데 한 아이가 "천국은 우리 집 화장실에 있습니다." 라고 답했다. 목사가 놀라서 이유를 물으니 아이가 태연스럽게 말했다. "우리 아빠는 매일 아침 화장실 문을 주먹으로 두드리면서 소리를 쳐요. 오 마이 갓(Oh my God), 당신 아직도 거기 있어?"

남자들이 앉아서 소변볼 때 생기는 장점 2009년의 조사에 따르면 우리나라 남성들의 47퍼센트가 집에서 소변을 볼 때 서양식 변기에 앉아서 본다. 서서 소변을 보면 옆으로 흐르고 튀는 양이 많아 화장실 청소가 힘든 주부들의 강요 때문인데, 남성들 입장에서는 귀찮기도 하지만 생각보다 편하고 장점도 많다. 그래서 〈중앙일보〉의 김성룡 기자는 앉아서 소변보는 자세의 장점을 일목요연하게 정리하기도 했다. "집에서 소변볼 때 앉아 쏴 자세가 여러모로 좋다. 변기 덮개를 올리고 내릴 필요가 없고, 소리도 조용한 편이고, 잠깐이지만 사색의 시간도 가질 수 있다. 변기 주변으로 튀지 않으니 위생적이고, 앉은 상태로 물을 내리면 시각적으로도 편하고, 조준을 잘못할까봐 긴장하지 않아도 된다. 손이 자유로우니 휴대전화를 들여다 볼 수 있는 여유도 생기고, 작은 걸 보려고 앉았다가 큰 걸 보는 횡재(?)를 누리기도 한다."

◆ 변기 위의 사자성어

- 힘쓰기도 전에 와장창 쏟아내면 : **전의상실**

- 화장지는 없고 믿을 거라고는 손가락뿐일 때 : **입장난처**

- 오른 쪽, 왼쪽 칸에 있는 사람에게 휴지 좀 달라고 두드리는 것은 : **좌충우돌**

- 옆 칸 사람이 휴지를 우표딱지만큼이라도 빌려주면 : **감지덕지**

- 거창하게 시작했지만 끝이 영 찜찜할 때 : **용두사미**

- 옆 칸에 앉은 사람도 변비로 고생하는 소리가 들릴 때 : **동병상련**

- 문고리는 고장나고 잡고 있자니 앉은 자리는 너무 멀고 : **진퇴양난**

- 농사짓는데 거름으로 쓰겠다고 농부가 와서 퍼갈 때 : **상부상조**

- 아침에 먹은 상추가 '그것'으로 키운 걸 알았을 때 : **기절초풍**

- 방귀소리만 요란하고 아무것도 나오지 않을 때 : **과대포장**

- 화장실 갈 때마다 여자 칸을 기웃거리면 : **영웅본색**

- 신사용이 만원이어서 숙녀용 칸에 몰래 숨어 볼 일 보고 나올 때 : **스릴만점**

- 대변볼 때 작은 것 보다 큰 것이 먼저 나오면 : **장유유서**

- 옆 칸 사람이 바지 올리다 흘린 동전이 내 칸으로 굴러오면 : **넝쿨호박**

- 동전 주우려고 허리 숙이다 휴대폰이 변기 안으로 빠져 버렸네 : **소탐대실**

- 용변을 끝내고 돌아다니다가 한 시간쯤 지난 후에 지갑을 화장실에 두고 나온 사실을 알았을때 : **오마이갓**

- 변기에 돈이 빠졌을 때 : 10원은 **수수방관**, 500원은 **자포자기**, 1,000원은 **우왕좌왕**, 5,000원은 **안절부절**, 10,000원은 **입수준비**, 100,000원 수표는 **사생결단**, 1,000,000원 수표는 '**뽀사삔다**(부셔버림)'

- 변기에 신랑이 빠졌을 때 : **물내린다**

◆ 화장실 유머

◆ 공중화장실 낙서에서 찾은 명언

· 젊은이여 당장 일어나라, 지금 그대가 편히 앉아 있을 때가 아니다.

· 내가 사색(思索)에 잠겨 있는 동안, 밖에 있는 사람은 사색(死色)이 되어간다.

· 내가 밀어내기에 힘쓰는 동안, 밖에 있는 사람은 조여내기에 사색이 되어 간다.

· 신은 인간에게 '똑똑'할 수 있는 능력을 주었다. 그래서 밖에 있는 사람은 '똑똑'했다. 그러기에 나도 '똑똑'했다. 밖에 있는 사람은 나의 '똑똑'함에 어쩔 줄 몰랐다.

건망증과 치매의 차이 남자가 소변 보고 바지 지퍼를 안올리면 건망증, 소변을 볼 때 밑을 보면서 '이거 언제 써 먹었더라?' 하면 건망증 2기, 손자한테 소변 보라고 '쉬!'하면서 자기가 실례하면 치매

돋보기의 효과 할아버지가 신문을 들고 화장실에 들어가서 갑자기 밖에 있는 할머니에게 말을 걸어왔다. "임자! 내 고추가 갑자기 커진 것 같소!" 밖에 있던 할머니가 대답했다. "당신 지금 혹 돋보기안경 끼지 않았소?"

◆ 화장실에서 느끼는 감정들

당황 설사는 나오고 화장실 앞에 선 줄은 가득할 때

기쁨 화장실에 앞사람이 두고 간 스포츠신문이 있을 때

불쾌 옆 칸 사람의 볼일 보는 소리가 너무 요란할 때

배신 옆줄에 늦게 온 손님이 나보다 먼저 들어갈 때

섭섭 늦게 들어온 옆 칸 사람이 나보다 먼저 나갈 때

상쾌 예상보다 많은 양의 배설물을 처리했을 때

당혹 이미 큰일이 진행되고 있는 상황에서 휴지가 없음을 깨달았을 때

불안 볼일 끝나려면 아직 멀었는데 밖에서 노크소리가 요란할 때

죄송 아주 찐한 향기를 남기고 나올 때

갈등 와이셔츠 주머니에서 쏟아져 내린 담배를 주워야 할 것인가 말아야 할 것인가 고민할 때

◆ '응가'를 참는 방법

슬픈 생각을 하라 급한 상황을 잠시 잊을 수 있다. 최소 5분은 더 버틴다.

기의 힘으로 응가를 물리쳐라 응가의 출구에 전신의 기를 모아준다.

여유 있는 웃음을 잃지 마라 급한 거 티 난다.

자장가를 불러라 녀석들에게 평안함을 준다.

숨을 조심조심 끊어 쉬라 녀석들도 조심스러워 함부로 얼굴을 못 내민다.

절실히 기도하라 녀석들도 감복한다.

갑자기 미친 듯이 웃어대라 녀석들도 혼란스러워 한다.

가끔씩 엉덩이를 때려라 녀석들이 놀라 움찔한다.

변기생각은 절대 금물! 녀석들이 흥분해서 더 날뛴다.

녀석들의 잔꾀에 넘어가지 마라 방귀로 위장하고 쏟아져 나오는 수가 있다.

화장실이 가까워도 방심하지 마라 변기 앞에서 싸면 더 억울하다.

손가락을 깨물며 당신의 의지를 보여줘라 녀석들도 경의를 표할 것이다.

9

화장실과
민속

01

민속 자료 속의
똥과 화장실

동서양을 막론하고 신화와 설화, 종교와 주술, 각종 풍습과 민간 치료법 속에서 똥과 화장실을 주제로 전해오는 이야기는 수없이 많다. 이러한 이야기들은 초자연적이거나 다소 인위적인 바탕 위에서 자연스럽게 만들어져 오늘날까지 전해진다. 그 과정에서 인류 생활에 해악을 끼친 부분도 있겠지만, 대부분은 우리네 생활에 도움을 주고 종교와 의학이 발전하는 데 기여하기도 했다.

한데, 화장실이 현대화되면서 똥과 화장실을 소재로 한 여러 민속들이 더 이상 생겨나기 어렵게 되었다는 사실이 안타까운 일이기도 하다. 어떻든 오랜 세월이 지나는 동안 수많은 사람들이 전통적으로 좋다고 믿어온 것들에는 그만한 가치가 있는 만큼, 좋은 풍속과 풍습은 계속 발전시켜 나아가는 지혜가 필요한 듯하다.

02

신화 속의
똥과 오줌

동서양의 수많은 신화와 설화 속에는 똥과 오줌에 관한 이야기가 상당부분 들어있다. 오스트레일리아 원주민들에게는 분질이라는 신이 땅덩어리에 며칠 동안 오줌을 누어 대양을 만들어냈다는 창조신화가 있다. 알래스카에 속한 코디아크 섬에서 전해지는 천지창조 설화에도 최초의 여자가 오줌을 싸서 바다를 창조했다는 내용이 들어있다.

고대 로마와 이집트에는 화장실에 자주 가는 사람을 보살피는 배설물의 신들도 존재했다. 그리스와 로마 그리고 이스라엘에는 '똥의 신'이 존재해서 신을 향한 의식을 할 때 실제로 똥이 사용되었고, 똥을 먹는 것으로 알려진 신을 숭배했다. 한편 이집트인들은 강가에서 용변을 보았는데, 배설물이 강 하류로 떠내려가서 삼각주를 이루어 땅을 기름지게 하고 오아시스를 제공하기도 했다.

제주도의 선문대할망 제단
선문대할망이 치마폭으로 흙을 퍼 옮길 때 구멍 난 치마사이로 떨어진 흙들이 쌓여 오늘날 제주의 많은 오름이 만들어졌다고 전한다. 제주도 돌문화공원에 가면 선문대할망 제단을 볼 수 있다.

이러한 자연의 이치를 이해하지 못했던 당시 사람들은 똥의 신에게 고마움을 표했다.

유럽에서 대서양을 건너 아메리카 대륙에 뿌리를 내린 신화에는 이런 것도 있다. 지금으로부터 한 세대 전쯤의 사내아이들은 행운을 비는 뜻에서 오줌을 십자가 모양으로 누었으며, 자신의 그림자에는 오줌 줄기가 닿지 않도록 했다. 반면 누군가를 해코지하기 위해서는 그 사람의 오줌을 구해 음식물에 섞어 저주를 내렸다.

우리나라로 눈을 돌려 보면 제주도가 생겨난 유래를 전하는 설화에서 똥과 오줌이 중요한 역할을 한다. 하나는 장길손이라는 거인의 이야기인데, 먹을 것이 모자라 언제나 배가 고팠던 이 거인이 돌, 흙, 나무 따위를 닥치는 대로 먹고 배탈이 났다. 장길손의 설사가 흘러내려 태백산맥이 되고 똥 덩어리는 튀어서 제주도가 되었다고 한다.

다른 하나는 선문대할망의 전설이다. 이 할망은 키가 너무 커서 한라산을 베개 삼아 누우면 발이 바다에 잠겼다. 어느 날 한쪽 발을 식산봉에, 다른 쪽 발을 성산일출봉에 디디고 오줌을 누었는데 오줌 줄기가 산을 무너뜨리고 강을 이루었다. 이때 무너져 떠내려간 산의 일부가 지금의 우도(소섬)라 한다. 선문대할망이 수수범벅을 실컷 먹고 싼 똥이 농가물의 궁상망 오름이 되었다는 이야기도 전한다.

동양의 화장실 귀신은
젊은 여성

중국에서는 화장실 귀신을 자고(紫姑), 측고(厠姑), 삼고(三姑), 갱삼고(坑三姑), 칠고(七姑) 등으로 부른다. 특히 도교에서 믿는 신인 자고는 측천무후의 질투 때문에 화장실에서 암살당한 하미(何媚)라는 여성을 가엾게 여긴 천제가 그녀를 측신(厠神)으로 삼은 것이라 전한다. 중국이나 우리나라나 화장실 귀신이 대부분 여자이고 첩이라는 공통점이 흥미롭다. 『고대중국찰기(古代中國札記)』에 따르면 이는 사람들이 측소에 대한 신을 만들어 화장실을 기피하지 않게 해서 화장실의 청결함을 유지하게 하려는 심리를 보여주는 것이라 한다.

제주도에는 화장실 귀신의 내력을 알려주는 신화 '문전신 본풀이'가 전한다. 남선고을의 남선비와 여산고을의 여산부인이 부부로 살았는데 집안이 가난하고 아들이 일곱 명이라 살림살이가 어려웠다. 어느 날 돈을 벌기 위해 오동국으로 쌀장사를 떠난 남선비는 '노일제대귀일'의 딸에게 빠져 가진 것을 모두 잃고 눈까지 멀게 된다. 3년이 넘도록 소식이 없는 남편을 찾아 오동국에 간 여산부인은 어렵게 남편을 만나 쌀밥을 지어주고 남선비는 부인이 찾아온 것을 알고 기뻐한다. '노일제대귀일'의 딸은 여산부인을 우물에 빠트려 죽이고 자신이 여산부인 행세를 하지만 눈이 보이지 않는 남선비는 사실을 알지 못하고 '노일제대귀일'의 딸과 함께 고향으로 돌아온다. 남선비의 일곱 아들이 그녀가 친어머니가 아니라는 사실을 알아채자 '노일제대귀일'의 딸은 남선비에게 자신이 큰 병에 걸렸으며 아들의 간을 먹어야 병이 낫는다고 말한다. 남선비가 형제들을 죽이려고 칼을 들자 막내아들이 꾀를 내어 자신이 형들의 간을 꺼내오겠다고 말한 뒤에 산돼지 일곱 마리를 잡아 간을 가져다준다. '노일제대귀일'의 딸이 먹는체하다가 자리 밑에 간을 숨겼을 때 막내아들이 뛰어 들어가 자리를 걷어치워 모든 사실을 밝혀낸다. 거짓이 탄로 난 '노일제대귀일'의 딸은 화장실로 도망가 목매 죽어 '측간귀신'이 되고 남선비는 달아나다 대문에 걸린 막대기에 걸려 죽어 '주목지신'이 되었다 한다.

이런 신화에서 비롯되어 화장실에 사는 귀신은 포악한 성격의 젊은 여성이라고 묘사되곤 한다. 그런데 이 귀신들은 지역에 따라 이름이 조금씩 다르다. 전라도와 경상도에서는 변소각시, 정낭각시 등으로, 제주도에서는 칙시부인이나 칙도부인으로 불린다. 또 화장실 귀신들은 매달 1일, 6일, 26일에만 나타난다는 이야기도 있다.

"쉰 대자나 되는 긴 머리를 앞으로 쥐고 있는 부출각시님이여, 허씨 내외는 물론이고 그 자손들이 오줌을 누러 가더라도 해코지를 하지 말고 크게 보아 주시오." 이는 서울 지역에서 무당이 읊조리던 '뒷간 축원'인데, 여기서도 화장실 귀신은 긴 머리를 풀어헤친 여인으로 묘사된다.

이렇듯 화장실에 귀신이 존재한다고 믿었던 우리 조상들은 제사나 명절 때가 되면 음식을 떼서 화장실 주변에 던져두거나 창호지에 싸서 화장실 문에 달아두었다. 또 장례 때 사용하는 물건들은 뒷간에 놓았다가 집안으로 들여왔는데, 망자의 혼백이 뒷간의 더러움 때문에 떨어져 나간다고 믿었기 때문이다. 서울에서는 '뒷간 지킴이'를 위해 화장실 천장에 헝겊조각을 걸거나 백지에 목왕(木王)이라 써 붙이기도 했다.

04

종교와 점술에서 배설물은
행운의 상징

인간의 배변 활동은 영적인 행위와 관계가 없는 것처럼 보이지만 힌두교도들은 반드시 용변을 보기 전에 기도를 한다. 유대교를 믿는 사람들도 배설하기 전에 '아셰르 얏세르'라고 기도하고, 이슬람교도들은 배변 전후에 모두 기도를 드린다. 배설물을 신성하게 여기기 때문일 것이다. 기독교에서도 성인의 배설물을 신성하게 여기는 것이 독실한 신앙심의 증거가 된 사례가 많다. '성서외전'에는 예수의 기저귀를 씻은 물로 일어난 기적이 기록되어 있는데, 한 예로 동방박사들이 불을 피우고 기도를 올린 뒤에 예수의 기저귀를 불 속에 던지자 불이 그것을 받아서 보존했다고 한다.

인간과 짐승의 배설물을 종교 의식에 사용하는 행위는 어디에나 존재했다. 실제로 신명심판이라는 미명하에 인간이나 짐승의 똥이 사용되기도 했다. 티베트 사람들은 '알비네 에게스타이

(Alvine egestae)'라 불리는 달라이라마의 장 배출물을 건조시킨 표본을 작은 상자나 주머니 속에 담아 목에 걸고 다닌다. 향료나 코담배로 사용하는 사람도 있는데, 이 표본이 행운을 가져다준다고 믿기 때문이다.

고대에는 똥을 재료로 점술을 행하던 사람들도 있었다. 페루에는 옥수수알과 양의 똥을 활용해 행운을 점쳐주는 마법사가 있었고, 중세 유럽에도 말이나 새의 똥을 사용하는 점술이 존재했다.

한편 프랑스 시골마을에서는 꿈에서 똥을 보거나 아이의 똥을 밟는 것을 행운의 상징으로 여겼고, 영국을 포함한 유럽 지역과 미국에서는 어린이들이 낮에 민들레꽃을 꺾으면 밤에 이부자리에 볼일을 본다는 믿음이 보편화되어 있다. 이런 미신이 언제부터 생겨났는지 정확히 알려지지 않았지만 이뇨성분이 많이 포함된 민들레꽃을 따먹은 아이들이 자다가 실수를 하는 일이 많은 건 사실이다. 그래서 영어권 국가에서는 민들레를 '오줌싸개(Piss-a-bed)'라고도 부른다.

05

질병 치료에는
똥과 오줌이 특효약

중국인들의 신화에는 맥(貘)과 비슷한 짐승에 관한 것이 있는데, 누군가 잘못해서 쇠와 구리를 삼키게 되면 이 짐승의 오줌을 먹는 것이 특효약이라고 한다. 쇠와 구리를 즐겨 먹는 짐승의 오줌이 뱃속에 들어가 쇠와 구리를 물로 변화시키기 때문이다.

이렇게 동서고금의 수많은 설화나 전설 속에서 사람을 비롯한 여러 동물의 배설물은 각종 약제로 사용되어왔다. 사람의 타액, 오줌, 월경 분비물, 피, 담즙, 결석, 뼈, 두개골 등이 효험 있는 약제로 여겨졌지만 가장 특효약은 역시 똥이었다. 다른 동물의 경우도 마찬가지지만, 그렇다고 해서 모든 동물의 똥과 오줌을 약제로 쓰기 위해 채취한 건 아니다. 칠면조처럼 아메리카 대륙의 동물 군에 속하는 짐승이나 곰, 백조, 앵무새 등의 배설물은 채취하지 않은 것이 사례이다.

외국에서는 오줌을 이용해 면역력을 강화하고 질병을 예방하는 '오줌 테라피(Urine Theraphy)'가 인기를 끌고 있다. 인도의 고대 의학에서는 이런 치료법을 '쉬밤부(Shivambu)'라고 부르는데, 과거 인도의 총리였던 모라르지 데사이는 오줌 테라피 추종자로 유명했다. 그는 매일 자신의 오줌을 마시며 99세까지 살았다. 의학적으로도 갓 배출된 오줌에는 세균이 없는 것으로 판명되었다. 그래서 칼라하리사막의 부시먼족은 오줌을 '사막의 물'이라고 부르며 여러 용도로 사용했고, 우리나라에서도 나병에 걸렸을 때 어린아이의 오줌을 복용하면 효험이 있다는 이야기가 전해진다.

한편 모든 것을 태우는 불을 이용해서 병마나 귀신을 물리치는

◆ **똥 꿈에 얽힌 이야기**

- 똥 색깔이 금과 비슷하기 때문에 꿈에 똥을 보면 부자가 된다.
- 꿈에서 걷다가 똥을 밟거나, 똥을 짊어지고 집으로 들어오거나, 똥통에 빠지면 운수가 좋다.
- 뒷간에 오르거나, 뒷간을 치우는 꿈을 꾸면 재물이 생긴다.
- 아이를 가졌을 때 화장실을 청소하는 꿈을 꾸면 예쁜 아이를 낳는다.
- 똥오줌 벼락을 맞거나, 똥을 집 밖으로 쓸어내면 집안이 망한다.

화기법(火氣法)은 양의 기운을 가진 불이 음의 기운을 가진 귀신을 이긴다는 음양설에 근거한 것이다. 전염병 환자가 있는 집의 화장실을 완전히 태우면 병의 독이 다른 곳에 전염되지 않는다거나, 마을 동쪽에 있는 화장실을 태우면 콜레라 귀신이 도망간다거나, 장티푸스 환자가 있는 집의 화장실에 불을 지르면 장티푸스 귀신이 도망간다는 등의 이야기는 화장실과 관련된 화기법의 사례들이다.

의료 기술이 지금처럼 발달하지 않았던 1920년대까지는 병마를 퇴치하기 위해 이런 화기법을 이용하다가 고소를 당하는 황당한 사건들도 일어났다. 전라남도 해남군에 살던 한 농부는 마을에 홍진과 유행성 감기가 돌자 마을 동쪽에 위치한 맹 씨의 집 화장실에 불을 질렀다 고소를 당했다. 경기도 광주 금곡리의 이장은 마을에 사는 전염병 환자의 집 화장실에 불을 질렀다가 불길이 번져 이웃집까지 피해를 입는 바람에 경찰서에 잡혀가는 신세가 되기도 했다.

화장실과 배설물에 관한
풍속요지경

조선시대에 홍만선이 쓴 『산림경제』에는 화장실에 갈 때 화장실 문 앞에서 세 걸음이나 다섯 걸음 떨어져 두세 번 기침소리를 내면 귀신이 피한다는 기록이 있다. 몇 백 년 전에도 화장실에는 귀신이 산다고 믿었던 모양이다. 꼭 귀신을 쫓기 위해서가 아니더라도 화장실에 문이 없거나 있어도 거적으로 대충 가려놓은 형태였을 터이니 노크를 대신하는 지혜로운 행동이라 하겠다.

한편 이익은 『성호사설』에서 '뒷간 위에서 엿보지 말라, 반드시 주인과 객이 모두 화를 입으리라'고 했다. 다른 사람이 똥을 쌀 때 들여다보거나 말을 걸면 귀가 멀고, 그 옆에 서 있으면 머리카락이 빠진다는 이야기도 전하는데, 화장실과 관련된 기본예절은 예나 지금이나 마찬가지인 듯하다.

강원도에는 화장실을 지은 뒤에 반드시 좋은 날(길일)을 받아 제

출입문 없는 화장실

예부터 우리나라 화장실은 문이 없거나 있어도 거적으로 대충 가려놓은 형태가 많아서 화장실 문 앞에서 두세 번 기침 소리를 내곤 했다. 노크하는 수고를 덜 어주기 위한 지혜가 아니었을까 싶다.

물과 부적을 준비해서 고사를 올리는 풍습이 전해온다. 뒷간에 놓아둔 '부춧돌'을 잘못 옮기면 가족에게 화가 미치기 때문에 돌을 함부로 옮기지 않는 풍속도 있다. 그런가 하면 경기도 이천 지역에는 하늘과 땅이 맞닿는 '천지대공망일(天地大空亡日)'에 뒷간을 수리하면 괜찮다는 풍속이 전해지는데, 하늘과 땅이 맞닿는 날은 하느님이 모든 것을 눈감아주니 어떤 일을 해도 문제가 없다고 믿기 때문이다. 그래서 결혼을 하거나 장례를 치르기에 좋은 날로 여기기도 한다.

화장실은 풍수(風水)와도 관련이 있다. 일본은 유난히 화장실 풍수에 관심이 많은 나라이다. 일본에서는 풍수에서 물이 재물을 주관하기 때문에 화장실에 있는 서양식 변기의 변좌(Seat)덮개를 항상 닫아 놓으라고 강조한다. 일본의 풍수전문가들이 조사한 바에 따르면 세계의 거부들은 대부분 변기의 덮개를 평소 닫아놓는다고 하며, 일본의 한 회사를 조사한 결과 일반사원들과는 달리 CEO는 항상 변기 덮개를 닫아놓는다는 것이다. 이러한 이론은 명리학이 발달하고 있는 중국에서도 비슷하게 전해지고 있다.

똥과 오줌에 관한 여러 풍속들도 전해온다. 예부터 화장실에서 넘어져 부상을 당하거나 똥독에 빠지면 떡을 해서 뒷간신에게 바치고, 그 떡을 환자에게 먹이고 이웃에게 나누어주면서 '똥 떡'이라고 소리치기도 했다. 아이들이 똥구덩이에 신발을 빠뜨렸을 때에도 떡을 해 놓고 액땜을 빌었으며, 경상북도에서는 아이가 뒷간

◆ **속담에 등장하는 화장실 이야기**

- 화장실 갈 때 마음 다르고 다녀와서 마음 다르다.
- 처갓집과 화장실은 멀수록 좋다.
- 이 빠진 강아지 언 똥에 덤빈다.
- 뒷간과 저승은 대신 못 간다.
- 남이야 뒷간에서 낚시질을 하건 말건.
- 개를 따라가면 측간으로 간다.
- 뒷간 기둥이 물방앗간 기둥 더럽다 한다.
- 뒷간 다른데 없고 부자 다른데 없다.

'키'를 쓴 오줌싸개

옛날에는 밤에 오줌을 싼 아이 머리에 '키'를 씌우고 바가지를 들고 이웃집에 가서 소금을 얻어오게 하는 풍속이 있었다. 민속촌에 가면 이런 풍속을 체험할 수 있다. 필자의 손자가 이불에 실례를 하지는 않았지만 '키'를 쓰고 옛 풍습을 재현해보았다.

에 빠지면 떡을 해서 나이대로 떡을 먹게 하고 빌기도 했다.

아이들이 대소변을 가리는 일에 익숙해진 뒤에도 밤에 이부자리에 오줌을 싸는 경우가 종종 있다. 옛날에는 오줌을 싼 아이 머리에 '키'를 씌우고 바가지를 들고 이웃집에 가서 소금을 얻어오게 했다. 이웃집 어른이 부지깽이나 빗자루로 '키'를 때리면서 창피를 주면 다른 이웃들도 같이 큰 소리로 웃어 주었다. 아이가 부끄러움을 느끼게 해서 스스로 오줌 싸는 버릇을 고치게 하려던 조상들의 슬기였다. 요즘 같으면 인권유린으로 지탄받았겠지만. 어째서 이런 방식이 사용되었는지에 대한 확실한 설명은 없다. 아마도 음식의 부패를 막는 소금이 악귀와 나쁜 기운을 막아주기 때문에 소금을 얻어오게 한 듯하다. '키'를 씌우는 것에 대해서는 두 가지 설이 전해진다. 하나는 곡식의 잡티를 걸러내는 도구인 '키'를 이용해서 아이에게 붙은 귀신을 걸러내기 위해서라는 것이고, 다른 하나는 '키'에 뚫린 많은 눈이 실수를 되풀이 하지 않게 감시한다는 의미라고 한다.

농가에서는 여자의 오줌이 농사의 풍요를 나타낸다고 믿어왔다. 남편보다 아내의 오줌이 거름효과가 높아서 깨, 수수, 조 등의 씨는 아이를 가장 많이 낳은 여인이 뿌리고 그녀의 오줌을 따로 모았다가 거름으로 주면 수확이 풍성해진다고 믿었다. 여성호르몬을 포함한 오줌을 비료로 사용하면 쌀의 수확량이 80퍼센트나 증가한다는 보고도 있고, 요강을 울리는 처녀의 오줌발 소리를 듣고 아내와 며느리를 선택했다는 이야기도 전해진다.

—

에필로그

01

화장실 인생
30년의 시작

화장실과 인연을 맺게 된 것은 1989년, 변기를 만드는 회사인 대림요업(지금의 대림 B&Co)에 근무하게 되면서부터다. 어려서부터 집이 아니면 대변을 못 볼 정도로 소심한 성격이어서 초등학생 시절에 대변을 참고 달려오다 집을 5미터 앞두고 바지에 똥을 쌌던 기억이 있다. 중고등학교 수학여행 기간에는 음식 조절 등을 통해 2박 3일 정도는 대변을 참기도 했다. 성인이 되어 군대를 가게 되었을 때는, 논산훈련소에 화장실 칸막이가 없다는 말을 듣고 화장실 상황이 그나마 좀 낫겠다 싶은 생각에 공군에 지원했을 정도이니, 나름대로 화장실에 대한 특별한 기억을 가지고 자란 셈이기도 하다.

회사에서 위생도기 제조공정을 익히며 기술제휴를 맺은 일본의 이낙스(지금의 LIXIL)사와 교류하면서 일본에 다니는 일이 많아졌고, 일본 공중화장실에도 자주 들리며 당시 우리나라보다는 훨씬 앞서가던 일본의 화장실 문화를 직접 접할 수 있었다. 일본어를 하지 못해 통역 직원을 대동하면서 불편을 느껴 일본어 공부를 시작하게 된 것도, 일본 회사의 임원과 개인적인 친분을 쌓으면서 많은 자료를 모은 것도 행운이었다. 일본 제휴 공장에 연수를 다녀온 기술직원들이 알량한 기술을 국내에 전하지 않고, 업계의 다른 회사에서 스카우트 요청이 오면 미련 없이 회사를 떠나는 것이 당시 실정이었으니 말이다. 한 번은 귀국길에 도쿄 서점에 들러 화장실 관련 책들을 둘러보기도 했는데, 수십 종류가 출간되어 있는 것을 보고 깜짝 놀랐던 경험이 있다. 일본어 실력이 얄팍할 때라 제일 얇은 책(?) 한 권을 사서 돌아왔다. 그 책 속에 담긴 화장실 관련 내용들이 새로웠던지라 무모하게도 사비를 들여 『화장실이 변한다』(1997)라는 이름으로 100여 권을 비매품으로 출간한 뒤 국내 언론사와 한국관광공사 등에 보내게 되었다.

일본의 화장실 문화와 관련 내용을 소개하기 위해 출간한 「화장실이 변한다」.

　마침 당시가 국가적으로는 '2002 한·일 월드컵 축구경기대회(이하 2002월드컵)'를 유치한 때라서 상대적으로 일본에 뒤처진 국민들의 문화의식을 끌어 올리는 일이 국가적 급선무이기도 했다. 때문에 정부에서 '2002월드컵 문화시민운동 중앙협의회(이하 문민협)'를 창립하고, 친절·질서·청결을 3대 과제로 국민의식 개혁운동을 펼치게 되었는데, 청결 부문의 주요과제로 추진되었던 것이 바로 '화장실 문화운동'이다.

그런데 얼마 지나지 않아 한국관광공사(이하 관광공사)로부터 연락을 받게 되었다. 관광 진흥을 위한 '화장실 개선운동'의 일환으로 '전국 공중화장실 BEST 5·WORST 5' 선정 행사를 계획하며 전문가를 찾고 있었다고 했다. 간접적으로는 30여년이지만 직접적으로는 20여년 지속된 화장실과의 인연이 여기에서부터 본격적으로 시작되었다. 이후 '아름다운 화장실 콘테스트' 심사위원으로, 새롭게 구성된 여러 화장실 단체의 일원으로 분주하게 화장실 문화운동에 참여하면서 현재에 까지 이르게 되었다.

필연이 아닌 우연은 없다고 하지만, 필자의 경우는 우연한 기회들이 쌓여 필연적인 운명이 되지 않았나 생각해본다. 돌아보니 그동안 크게 한 일도 없는데 불러주고 도와주며 상(賞)도 받고 한 모든 인연들이 하늘같이 고맙게 느껴지기만 한다.

02

우리나라 화장실 문화운동의
발자취

우리나라 화장실 문화운동이 언제부터 시작되었는지 정확히 말하기는 힘들다. 1986년 아시안게임과 1988년 서울올림픽 때 나름의 운동이 전개되었고, 1994년 관광공사에서도 독자적으로 화장실 문화운동을 진행한 적이 있다. 하지만 본격적인 화장실 문화운동은 1996년 5월 '2002월드컵' 유치가 확정되면서 본격적으로 시작되었다는 데에 대하여는 이견이 없다. 정부는 1997년 상기 문민협을 발족시켜 화장실문화를 포함한 대대적인 대국민 문화시민운동을 시작했고, 지방자치단체에 재정적 지원도 아끼지 않았다. 월드컵을 유치한 수원시는 우리나라에서 처음으로 시의 직제로 '화장실 문화팀'을 운영하기 시작했다. 관광공사는 1998년 화장실 콘테스트를 시작하고, 한국도로공사(이하 도로공사)에서도 휴게시설 장기발전계획을 수립했다. 1999년이 되면서 문민협은 '아름다운 화장실 대상'제도를 시행하고, 민간단체인 '한국화장실협회'와 '화장실문화시민연대'가 창립되었다. 서울시는 T/F팀으로 '화장실문화 수준 향상반'을 만들고 수원시는 시내 요소에 공중화장실 건축을 시작했다. 이렇게 기본적인 체제가 갖추어지면서 우리의 화장실 문화운동은 본격적인 대장정을 시작하게 되었다.

21세기가 되면서 화장실 문화운동은 더욱 발전했다. 2000년에 한국화장실협회(이하 KTA) 주최로 한·일 화장실포럼이 수원에서 개최되었고, 화장실문화시민연대(이하 화문연)는 공중화장실 현장에서 일하는 청소작업자들을 위해 '우수 관리인 표창'을 시작했다. 2001년에는 '공중화장실 등에 대한 법률' 제정을 위한 공청회가 개최되었으며, 민간 부문에서도 독자적으로 화장실 문화운동이 전개되었다. 2002년 대통령이 2002월드컵을 성공적으로 개최하기 위해 분야별 전문가에게 친서를 보냈고, 산업자원부는 공중화장실 등을 알리는 그림문자인 '한국 표준 픽토그램'을 제작했다.

2004년에는 세계 최초로 '여성화장실의 대변기 수는 남성화장실의 대·소변기 수의 합 이상이 되도록 설치하여야 한다'는 내용을 포함한 '공중화장실 등에 관한 법률'이 시행되었다(이후 일정규모 이상의 화장실에서는 그 비율이 1:1.5이상이 되도록 개정되었다).

2005년 필자는 개인적으로 '한국화장실연구소'를 설립하기도 했고, 2006년에는 행정자치부 내에 '공중화장실 중앙자문위원회'

가 구성되어 한시적으로 운영되었으며, 모스크바에서 개최된 세계화장실 대표자회의를 통해 우리나라는 '세계화장실협회(이하 WTA)'의 창립을 공식 선언하였다.

화장실 문화운동 분야에서도 국제화가 진행되면서 2007년에는 KTA가 화장실담당공무원을 대상으로 일본연수를 시행하고, WTA 창립총회가 서울에서 개최되었다. 서울시와 수원시는 여성이 행복한 화장실 만들기 운동인 '여행(女幸)'프로젝트와 저개발국가 화장실지어주기 사업을 펼쳤다. 초대 WTA 회장인 심재덕은 자신이 살던 터에(수원시 이목동 소재) 변기모양의 집 '해우재(解憂齋)'를 준공했다. 2008년 정부는 'Toilet Revolution, Change the World'라는 주제로 화장실 선진화 비전 선포식을 거행하며 화장실 유공자를 표창했고, WTA도 아시아 및 아프리카 10개국에 공중화장실 보급 사업을 전개했다. 2009년 한국 화장실 문화운동의 대명사였던 심재덕 회장이 지병으로 타계한 와중에도 각 단체는 꾸준한 활동을 벌였으며, 2010년 '심재덕 기념 사업회'가 창립되어, 2009년에 수원시에 기증된 '해우재'를 정식으로 개관했다.

2011년 정부에서 4대강 유역 자전거 길에 개방화장실을 지정하고, KTA는 '사랑의 화장실 지어주기' 운동을 시작했다. KBS에서 '변기야, 지구를 부탁해'라는 일요스페셜 프로그램을 방영하고, 필자는 CBS의 '세상을 바꾸는 시간 15분'에 출연해 '세상의 변화는 화장실에서 시작된다'는 제목으로 강연을 했다.

2012년에는 수도법이 개정되어 대변기는 6리터 이하, 대·소변 구분변기는 대변 6리터에 소변 4리터, 소변기는 2리터 이하 또는 물 안 쓰는 소변기 설치가 의무화되었으며, 서울시 지하철공사와 송파구 등에서 대변기 칸에 설치된 휴지통 없애기 운동이 본격적으로 시작되었다. 2013년부터는 재래시장의 화장실을 늘리는 사업도 진행되었다. 2014년에 들어서는 공중화장실에 게시된 '관리인 실명제' 표지판에서 관리인의 사진이 삭제되고, 서울시는 학교화장실 개선운동의 일환으로 '꾸미고 꿈꾸는 화장실' 운동을 벌였다.

잠깐 나라 밖으로 눈을 돌려보면, 중국에서는 빌 앤드 멜린다 게이츠재단이 '차세대 화장실 개발대회'를 개최하고, 인도에서는 'No Toilet, No Bride' 운동이 범정부적으로 전개되었으며, 2015년 미국 백악관에 성소수자를 위한 '성 중립 화장실'이 설치되는가 하면, 중국에서는 2017년까지 57,000개의 현대식 공중화장실을 신·개축하는 '화장실혁명'이 시작되었다.

그리고 2016년, 강남에 있는 유흥업소 남녀공용화장실에서 '묻지마 살인사건'이 발생하여, 화장실 안전을 위한 법률개정 논의가 진행되었고 공중화장실 특히 여성화장실 구역에 비상벨이 설치되기 시작했다. 2017년에는 '공중화장실 등에 관한 법률'이 일부 개정되어 2018년부터 대변기 칸 안에 휴지통 설치가 금지되고, 여성용 칸에는 위생용품 수거함을 설치하게 되었으며, 화장실 청소를 위해 남자화장실에 여성이, 여자화장실에 남성이 출입할 때에는 미리 알 수 있도록 표지판을 설치하게 규정되었다.

국내에서는 물론 해외에서도 우리나라의 화장실 문화운동은 성공한 문화운동의 하나로 평가받고 있다. 해마다 개최되는 WTA 총회에서 외국 대표자들은 한국 화장실문화를 발전시킨 원동력이 무엇이냐고 묻곤 하는데, 필자는 다음과 같이 설명을 한다. 첫째는 정부가 강력한 의지를 가지고 가이드라인을 설정했기 때문이고, 둘째는 '2002년 한·일 월드컵 공동개최'라는 적절한 계기를 십분 활용한 것이 주효했으며, 셋째는 화장실관련 민간단체가 육성되고 올바르게 활용되었고, 넷째로 국민적 컨센서스를 획득했기 때문이라고.

여기서 '국민적 컨센서스의 획득'이란 경제발전과 밀접한 관계를 갖는 것으로, 1인당 국민소득 수준이 최소한 1만 불 정도는 되어야 화장실 문화운동도 국민들의 컨센서스를 얻으며 소기의 성과를 거둘 수 있다는 의미이다. 실제로 일본이 1964년 도쿄올림픽을, 우리나라가 1988년 서울올림픽을 준비하던 시기의 국민소득은 각각 2,000불과 4,400불 정도여서 당시의 화장실 문화운동이 기대만큼의 성과를 거두지 못했다. 반면 일본이 화장실협회를 만들어 화장실 문화운동을 본격적으로 시작하던 1985년도에 국민소득은 11,500불 수준이었고, 우리나라가 2002 월드컵을 준비하던 1997년에서 2000년 사이의 국민소득이 9,000-11,000불 수준이었다. 좀더 쉽게 표현해보면 '먹는(食) 문제'가 어느 정도는 해결되어야 '싸는(排泄) 문화' 운동도 국민들과 소통을 할 수 있다는 말이다. 그래서 화장실 문화운동은 경제발전과 연계시켜 전개할 때, 보다 더 효율성을 거둘 수 있다는 것이다.

오랜 시간에 걸쳐 다양하게 전개된 화장실 문화운동의 성과와 함께 우리나라의 공중화장실 시설 수준은 세계 최고수준에 도달했다. 편하고 쾌적하게 가꾸어진 화장실수준에 걸맞게 국민들 스스로 이용예절을 업그레이드 시켜나가는 것이 앞으로의 과제일 것이다.

03

아름다운 화장실을 찾아 나선

여정 — '아름다운 화장실 대상' 심사 등의 회고

화장실 문화운동과 인연을 맺고 살아오는 동안 참으로 많이 아름다운 화장실을 찾기 위한 여러 행사에 참여해 왔다. 특히 문민협에서 개최하는 '아름다운 화장실 대상' 행사에는 2004년부터 14년 동안 심사위원장으로 봉사하고 있는데, 2015년부터는 대상의 품격이 국무총리상에서 대통령상으로 격상되는 경사도 있었다. 아름다운 화장실을 찾아 심사를 했던 긴 여정 속에서 기억에 남는 몇 가지 일들을 정리해본다.

관광공사의 '전국 공중화장실 BEST5 · WORST5' 1998년 관광공사에서 시작한 행사에 심사위원으로 참여했을 때의 일이다. 'WORST 화장실'은 여름철에 관광환경파수꾼들이 불결하다고 판단한 화장실을 대상으로 최악의 화장실을 선정하는 것이었는데, 자동차 내비게이션도 없던 시절이라 해당 화장실을 찾기가 보통 어려운 일이 아니었다. 현장을 보고 왔다가 사진을 대조하는 과정에서 잘못된 점을 발견하고 다시 현장에 갔던 적도 있다. 'BEST 화장실'의 경우는 해당 지자체의 도움이라도 받을 수 있었지만, 'WORST 화장실'은 그마저도 불가능했다. 도움을 청했다가 오히려 욕을 먹거나 우리 지역 화장실은 빼달라는 항의성 위협까지 받아야했다. 그런가하면 여름휴가철에 지저분하다는 이유로 선정된 관광지의 화장실을 가을에 가보니 훨씬 깨끗하게 정리되어 어째서 'WORST 화장실'로 선정되었을까 하고 고개를 갸우뚱했던 기억도 난다.

285,000원의 기적 2008년 해병 모 부대의 화장실 이야기이다. 화장실에 대한 부대장의 관심이 남달라 갑자기 부대의 화장실 개선사업을 시작하게 되었는데, 간부들이 자발적으로 모금을 해서 285,000원을 갹출하고 부대원들이 재능기부를 해 10일 만에 화장실의 면모를 일신시켰다. 귀신 잡는 해병이 아니면 불가능했을 거사(?)라 하겠다. 화장실 명칭도 부대원들에게 공모하여 꿈과 희망을 상징하는 '레인보우 화장실'로 정했다. 문민협의 '아름다운 화장실 대상'에서 특별상을 받은 부대원들의 사기가 욱일승천하였고, 이 사실이 해병대 전체에 알려지면서 견학을 신청하는 부대가 많아 일거리가 늘었다는 푸념 섞인 후일담을 듣기도 했다.

고속도로 아래 어두운 지하 통로를 지나며 '아름다운 화장실 대상'

심사에 참여하면 많게는 하루에 10여 곳의 화장실을 보게 되는 경우도 있어서 하루하루가 바빠진다. 고속도로 휴게소의 화장실은 같은 지역의 화장실이라도 하행선으로 이동 중에 상행선 방향에 위치한 휴게소화장실에 들러야 할 경우가 있다. 이럴 때는 시간을 절약하기 위해 상대편 휴게소에 차를 세우고 휴게소 직원의 안내를 받아 고속도로 아래로 양쪽을 연결하는 비상 지하통로를 걸어가기도 한다. 어두운 건 당연하고, 가운데 물이 흐르고 심지어 돌다리로 연결된 곳도 있다. 동행한 여성 심사위원이 돌다리에 걸려 넘어져 업혀 나오는 사고가 일어나기도 했고 필자도 한쪽 다리가 물에 빠지는 일도 있었다. 세상에 쉬운 일이 하나도 없다는 진리를 여기서도 터득하게 된다.

설레는 마음으로 선정하는 '아름다운 화장실' 2017년에 19회를 맞은 '아름다운 화장실 대상' 행사는 행정자치부와 조선일보사, 문민협이 공동으로 주최했다. 그동안 행사에 응모한 화장실은 2,411개소이고 우수화장실로 선정되어 상을 받은 곳만도 473개소에 달한다. 그래서 고속도로 휴게소 화장실에 들르면 심심찮게 '아름다운 화장실 대상' 상패를 발견하게 된다. 해마다 응모하는 100여 곳 이상의 화장실 중에서 서류심사로 절반 정도를 선정한 뒤 2박 3일 일정으로 3회에 걸쳐 전국을 순회하게 된다. 만만치 않은 일정이지만 아름다운 화장실을 만난다는 기대감에 마음이 설레고,

수상자들의 기쁜 모습을 보노라면 이만한 행복이 또 있을까 하는 자만심에 빠지기도 한다. 안타깝게도 정부 지원이 감소되어 해마다 행사 규모가 조금씩 줄어들고 있는데, 획기적인 대안이 강구되기를 기대한다.

『**아름다운 한국의 화장실**』**이 출간되기까지** 문민협의 김원철 총장, 문화예감의 정종배 사장과 함께『아름다운 한국의 화장실』을 발간할 때의 일이다. '아름다운 화장실 대상'에서 수상한 화장실의 사후관리와 사찰을 포함한 전통화장실을 찾아내 정리한다는 일념으로, 2007년 12월부터 다음해 6월까지 7개월에 걸쳐 전국의 화장실을 뒤지고 다녔다. 강원도 고성과 울릉도, 백령도와 제주도에 이르기까지 한 번에 사나흘씩, 13회에 걸쳐 50여 일 동안 전국 동서남북을 종횡무진 누볐다. 거리로 따지면 19,523킬로미터이니 지구 반 바퀴를 돈 셈이다.

밤늦게까지 진행된 현장조사를 마치고 다음 목적지로 가는 중에 갑자기 내리는 눈발을 피해 강원도의 꼬불꼬불한 산길을 운행하다 승용차가 미끄러져 삶과 죽음의 기로에 섰던 날도 있었고, 폭우가 쏟아지는 88고속도로를 달리다 승용차의 윈도 브러시가 고장이 나서 교통사고를 당할 뻔 했던 일도 있었다. 산 전체가 '산1번지'라는 사실을 모른 채 내비게이션만 믿고 찾아간 '000 산1번지'는 전혀 다른 곳으로 일행을 안내해서 늦은 밤 산 속에서 황당해하던 경험도 주마등처럼 스쳐간다.

때로는 삶의 지혜를 알려주는 공중화장실 스티커의 위력 공중화장실에 가면 여러 종류의 스티커를 발견한다. 가장 친숙한 것은 화문연에서 보급한 '아름다운 사람은 머문 자리도 아름답습니다'라는 글귀가 담긴 스티커일텐데, 이보다 더 적절한 표현은 없을 듯하다. 남해안 한 지역의 화장실에서는 '나도 다음에 다시 이곳에 오면 〈다음사람〉이 됩니다!'라는 묵직한 메시지가 담긴 스티커를 볼 수 있었다. 초기의 직설적인 화법을 벗어나 은유적이고 아름다운 내용으로 바뀌는 공중화장실 스티커를 만날 때면 반갑기 그지없다.

한편 중국에는 '여기에 쓰레기를 버리는 자는 자식이 끊어지고 자손이 멸하리라'는 다소 무서운(?) 내용의 공중화장실 스티커도 있다고 한다. 우리나라에서는 '남성이 흘리지 말아야 할 것은 눈물만이 아닙니다'라는 글귀를 담은 스티커가 남성혐오성 표현을 사용했다고 해서 사람들의 입방아에 올랐던 적이 있다.

화장실 한쪽에 작게 붙어 있는 스티커가 큰 위력을 발휘하기도 한다는 사실을 보여주는 에피소드도 있다. 2003년 프로농구시리즈에서 우승하여 MVP로 선정된 농구선수 허재는 라디오방송에 출연해서 "부상에도 불구하고 어떻게 그런 투혼을 발휘했느냐"는 질문에 이렇게 답했다. "어느 화장실 소변기 앞 스티커에 적힌

〈한번 날아간 새는 다시 돌아오지 않는다〉는 글귀를 보고 마음을 다잡았습니다." 한번 지나가면 영원히 돌아오지 않는 것이 인생이니, 최선을 다하는 것 외에 다른 도리가 없었다는 사실을 깨달았다는 말이었다.

서울시와 함께 한 화장실 문화운동 에피소드 서울시와 함께 화장실 관련 업무를 하면서 겪었던 일화들이다.

서울시 '화장실문화 수준 향상반'과 음식점 화장실을 대상으로 우수화장실을 선발하는 행사를 진행한 일이 있다. 제법 유명한 음식점의 화장실을 대부분 둘러보았는데, 음식이 맛있기로 소문난 음식점의 화장실이 모두 깨끗한 건 아니었지만, 화장실을 깨끗하게 관리하는 식당의 음식 맛은 거의 좋았다는 것이 당시 심사위원들의 공통된 인식이었다. 우수화장실로 선정된 음식점 사람들이 당시 서울시장과 함께 기념사진을 찍으며 즐거워하던 모습이 아직도 행복하게 기억된다.

화장실과 관련된 시민들의 이중성을 목격한 일도 있다. 2000년대 초 서울 시내 중심가에는 100원짜리 동전을 넣고 쉽게 이용할 수 있는 소규모 무인화장실이 있었는데, 화장실을 설치할 장소를 선정하는 일이 만만치 않았다. 님비(NIMBY)현상 때문일까, 대부분의 사람들이 자신의 건물 앞에는 화장실 설치를 반대했기 때문이다. 반면 한강 고수부지가 정비되면서 공원에 화장실을 설치하게 되었을 때는 매점 주인들이 서로 자신의 점포 가까이에 화장실을 설치해 달라고 부탁했으니 말이다.

비판 속에서 발전한 장애인 화장실 아름다운 화장실을 찾아 심사하며 즐거운 기억만 있는 것은 아니다. 한 번은 평소 장애인 권익을 위해 열심히 일하는 장애인 한분을 심사위원에 추천했었는데, 아무래도 장애인의 입장을 우선시 하다 보니 심사 도중 다른 심사위원들과 불화가 생긴 모양이다. 중도에 심사를 포기한 뒤 케이블방송을 통해 행사 자체를 비난하는 기사를 올려 추천자인 필자의 입장이 굉장히 난처했던 적이 있다. 다행스럽게 그해 행사는 무사히 마칠 수 있었으나, 이후에도 '아름다운 화장실 대상' 발표가 끝나면 장애인 화장실에 개선할 부분이 많음에도 상을 받았다는 내용으로 기사를 올리며 민원을 제기하고 필자에게도 전화를 하곤 했다. 당시에는 어쩔 수 없이 마음이 불편했으나, 한편으로는 장애인 화장실을 보다 세심하게 살펴보는 습관이 생기게 되었으며, 그런 노력으로 장애인의 권익이 신장되고 장애인 화장실 개선도 보다 빠르게 진행되고 있지 않았나 하는 생각이다. 물론 시간이 지나면서 모든 것이 화해되었고, 지금에 와서는 오히려 그분에게 감사한 마음을 가지고 있다.

◆ **"Click 지구촌 화장실문화"**

2001년 초에 두 번째로 화장실 관련 책을 번역하여 출간하게 되었다. 갓 출간된 책을 갖고 화문연사무실에서 당시 표혜령 사무국장과 대화를 나누던 중 서울시 화장실 담당 사무관의 방문을 받게 되어 의례적으로 책 한 권을 전했다. 그런데 다음날 뜻하지 않게 기쁜 소식을 전해왔다. 이 책을 서울시에서 구입해 전국 화장실 담당 공무원에게 배포하기로 결정했다는 것이다. 이런 종류의 책이 서점에서 팔린다는 사실을 상상하기 힘들었을 때인데, 참으로 고마운 일이었다. 덕분에 출판 비용 일부가 충당되었던 기억도 새삼스럽다.

서울시에서 구입해 전국 화장실 담당 공무원들에게 배포된 『Click 지구촌 화장실 문화』.

04

아름다운 화장실로 떠나는
여행

화장실과 함께 한 인생 속에서 수없이 많은 화장실을 보아왔다. 그 가운데 기억에 남는 아름다운 화장실들을 소개한다.

궁궐의 화장실 우리나라 궁궐에 관한 자료를 보면 경복궁에 28곳, 창덕궁과 창경궁에 21곳의 뒷간이 있었다고 하지만 안타깝게도 모두 소실되었다. 하지만 다행스럽게도 창덕궁 대조전에서 회랑으로 연결된 경훈각 뒤편에 조선시대 임금이나 왕비들이 사용한 것으로 추정되는 화장실이 한 곳 남아 있다. 내부는 마루로 되어 중앙에 타원형의 구멍이 뚫려 있고, 아랫부분에 끌개가 있고 그 위에 변을 담는 매화그릇이 놓여있는 구조이다. 그리고 불로문을 지나 연경당 행랑채로 가면 마구간 근처에 화장실이 복원되어 있는데, 이곳은 궁궐 내의 일반 서민들이 이용했던 것으로 추정된다.

프랑스 베르사유 궁전에도 화장실이 있었네, 없었네 하는 이야

창덕궁에 남아있는 조선시대 화장실

기가 있듯이 왕과 왕비를 비롯한 신분 높은 사람들은 뒷간에 직접 가지 않고 이동식 변기를 사용했을 것이다. 조선시대 궁궐에서 사용되었던 어린이용 매화틀과 매화그릇이 국립고궁박물관에 소장되어 있다.

서울의 특징적인 화장실 서울 한강 하류 난지도 부근에는 한강물이 불어날 때 수위에 맞추어 자동으로 물 위에 뜨는 자기부상식화장실이 있어 이채롭다. 또 남산 서울타워 전망대에 가면 350미터 높이에서 서울 시내가 한 눈에 내려다보이는 스카이화장실이 있는데, 유료여서 일반 사람들의 접근이 어려운 것이 흠이라 하겠다.

수원 반딧불이 화장실 경기도 수원시 장안구 광교산 등산로 입구에는 반딧불이 화장실이 있다. 뒤로는 광교산이, 앞으로는 광교호수가 한 눈에 들어오는 그림 같은 외관을 하고 있는데, 화장실 이

스카이 화장실의 소변기   자기부상식 화장실

름은 광교산에 서식하는 반딧불이에서 착안하여 붙였다. 1999년
에 완공되어 제1회 '아름다운 화장실 대상' 공모에서 대상을 수상
하였고, 2016년에 리모델링을 해서 2017년에 은상을 수상했다.
소변기 앞에서는 물론 남녀 대변기 부스 안에서도 광교호수가 한
눈에 들어오고, 등산객이 주로 이용하는 점을 감안해 화장실중앙
에 배낭 등을 놓을 수 있는 휴게공간을 마련했다. 천창을 설치해
서 자연채광을 유도하고 물 안 쓰는 소변기를 설치해 자원절약에
도 일조하고 있다. 우리나라 화장실문화의 메카답게 수원에는 반
딧불이 화장실 외에도 50여 개의 아름다운 화장실이 있다. 책 본
문에서 소개된 '해우재'도 들러볼만 한 곳이다.

이천 덕평자연휴게소 화장실 경기도 이천 영동고속도로에 위치한
덕평자연휴게소 화장실은 2007년 '아름다운 화장실 대상'에서 대

상을 수상했다. 준공 당시에는 상행선 차량만 이용가능 했는데 이후 출입구를 보완해 상하행선을 오가는 모든 차량이 들릴 수 있게 되었다. 자연휴게소답게 화장실 외벽을 목재로 마감하고 내부 중앙에 대형정원을 설치해 어느 곳에서도 자연을 느낄 수 있게 설계 되었으며, 부드럽고 친근한 응접실 같은 분위기를 연출했다. 이용자들이 한꺼번에 많이 몰리는 고속도로 휴게소의 화장실이라는 점을 감안해 입구 공간을 넓게 구성하고, 세면기, 소변기, 대변기 구역을 각각 분리해 설치하여 동시에 보다 많은 사람을 수용할 수 있다. 뿐만 아니라 남녀 이용객 수 변화에 따라 적용 가능한 가변형 설계를 했다.

대상 수상 후에도 여러 차례 리모델링을 통해 화장실 내의 각종 설비도 절수형 최첨단 용품을 사용하고 있다. 여성화장실은 섬세하고 고풍스럽게 만들어졌고, 남성화장실은 소변기에 오줌발 경쟁을 할 수 있는 비디오 게임기를 설치해 사용자의 호기심을 유발하면서 넛지효과도 덤으로 노리는 아이디어를 발휘하고 있다.

원주 문막휴게소 화장실 영동고속도로 하행선(강릉방향)에 자리 잡은 문막휴게소 화장실은 2000년 제2회 '아름다운 화장실 대상'에서 대상을 수상한 최초의 휴게소 화장실로, 넓은 공간에 파격적인 시설을 구비해 고속도로 휴게소 화장실이 우리나라 화장실문화 발전에 선구적 역할을 수행하는 계기를 마련한 곳이다. 2016년에

덕평자연휴게소 화장실 | 문막휴게소의 어린이 화장실

는 '별과 어린왕자'를 주제로 밝고 맑은 색으로 내부를 단장해 여
행에 지친 사람들의 기분을 더욱 상쾌하게 만들어준다. 장애인 시
설은 물론 어린이와 여성을 위한 배려가 더욱 반갑게 느껴지는 곳
이기도 하다.

경상도 곳곳의 아름다운 화장실 경상북도 김천시 직지공원 안에
는 옛 선비들의 갓 모양을 모티브로 만든 '갓 화장실'이 있다. 갓
의 멋과 조화를 이루도록 훈민정음 언해본 이미지로 내벽과 외벽
을 단장했으며, 내부에는 현대감각과 전통기법을 동원해 이 고장
의 풍광을 담아낸 대형 사진액자들이 걸려있다. 소변을 보면서 외
부 공원풍경을 즐길 수 있도록 설계되었고, 장애인과 어린이를 위
한 시설은 물론 냉난방 설비도 잘 구비되었다.

　갓 화장실에서 500미터 떨어진 언덕 위에는 2005년 '아름다운

김천 '갓 화장실'

경주 '알 화장실'

화장실 대상'에서 대상을 공동으로 수상한 무지개 모양의 '쌍무지개 화장실'이 자리 잡고 있다. 또 경주에는 신라의 건국신화를 바탕으로 한 알 모양의 '경주동궁원 알 화장실'이 있고, 부산에 가면 북구 구포재래시장 입구에 있는 구포여성전용화장실도 들러볼만하다. 두 곳 모두 2014년과 2009년 '아름다운화장실 대상'에서 대상을 수상한 화장실이다.

순천 선암사 해우소 불교 태고종의 본찰인 전라남도 순천의 선암사 화장실은 구조상 가장 생태적인 사찰 해우소로 유명하다. 전면 1층 후면 2층 구조로 앞에서 보면 '人'모양이고, 평면으로 보면 'T'자 모양을 하고 있으며, 입구로 들어가면 전실이 있고, 좌우로 남녀 대변 칸이 있다. 용변 자세를 취하고 앉으면 앞부분의 살창으로 밖이 보이고 후면에는 인분을 관리하는 큰 문이 있다. 나뭇

부산 북구의
구포여성전용화장실

잎 등을 넣어 숙성시킨 인분은 다음해에 밭농사의 거름으로 활용된다. 대부분의 사찰 해우소가 개축 과정에서 어정쩡하게 현대화된 모습으로 바뀌어버리고 있는데, 이곳 선암사 해우소는 본래의 모습을 잃지 않아 다행스럽기 그지없다. 선암사 화장실에 매료된 시인 정호승은 화장실의 추억을 한편의 시로 풀어내기도 했다.

눈물이 나면 기차를 타고 선암사로 가라
선암사해우소로 가서 실컷 울어라
해우소에 쭈그리고 울고 있으면
죽은 소나무 뿌리가 기어 다니고
목어가 푸른 하늘을 날아다닌다.
풀잎들이 손수건을 꺼내 눈물을 닦아주고

선암사 해우소의 앞(왼쪽)과 (오른쪽)뒤

새들이 가슴속으로 날아와 종소리를 울린다.

눈물이 나면 걸어서라도 선암사로 가라

선암사 해우소 앞

등 굽은 소나무에 기대어 통곡을 하라

— 정호승 '선암사'

지리산 노고단 화장실 지리산국립공원 노고단 대피소 근처에 위치한 화장실은 2010년 '아름다운 화장실 대상'에서 특별상을 받았다.

둘레길이 활성화되면서 지금은 등산로 화장실 사정도 좋아졌지만, 당시만 해도 높은 지대에서는 보기 드물게 잘 만든 화장실이었다. 자연친화적인 적삼목으로 화장실 외벽을 마감하고, 수자원

노고단 화장실과 하이브리드 발전 설비

을 보호하기 위해 거품으로 변기를 씻어 내리는 포세식 대변기와 물 안 쓰는 소변기를 설치했다. 창문은 실내 환기와 외부 조망 기능을 겸하고, 풍력과 태양광을 이용하는 하이브리드 발전시스템 2기를 이용해 일부 전기를 공급받는 등 악조건 아래서 나름의 모든 생존방법을 구사하는 화장실이다. 등산에 지친 사람들에게 배변의 즐거움을 주고 마음까지 녹여주는 일석이조의 기능을 제공하는 곳이다.

청주 죽암휴게소 화장실 2017년 리모델링을 해서 새롭게 선보인 충청북도 청주시 경부고속도로 서울방향에 자리 잡은 죽암휴게소 화장실은 우리나라 고속도로 휴게소 화장실의 현 수준을 보여주는 대표적인 곳이다. 전국 180여개 고속도로 휴게소 화장실의 장점만을 모아 사용자들을 위한 화장실을 꾸몄다. 내부가 밝고 환기

죽암휴게소 화장실

기능이 뛰어나 상쾌한 분위기를 제공하며, 기능적으로도 훌륭하다. 특히 장애인, 여성, 어린이를 위한 배려가 세심하고 단순한 편의시설을 제공하는 것에서 한걸음 더 나아가 정기적인 화장실 문화운동에도 앞장서고 있어 2017년 '아름다운 화장실 대상'에서 대상을 수상했다.

남양주 피아노 화장실 경기도 남양주 화도읍 하수종말처리장 입구에 하얀색 피아노 모양으로 지어진 화장실이 있다. 주민기피 시설인 하수종말처리장을 설치하기 위해 주민들을 설득하는 과정에서 탄생한 화장실로, 처리장에서 배출된 하수를 정수해 인공폭포와 화장실 세척수로 활용한다. 1층은 장애인화장실, 2층은 일반화장실이다. 내부는 음표와 피아노 건반을 주제로 꾸몄다. 2층으로 연결되는 계단을 밟으면 피

남양주 피아노 화장실

아노음이 흘러나오고, 2층에 오르면 인공폭포와 주변의 산들이 이용자들을 맞이한다. 2008년 '아름다운 화장실 대상'에서 대상을 수상한 피아노 화장실은 설계공모전을 통해 디자인을 정했고, 건축과정에서부터 화장실 전문가들의 의견을 수렴했으며, 준공된 뒤에는 우리나라 공중화장실 가운데 처음으로 저작재산권을 등록하기도 했다. 피아노 화장실이 새로운 관광명소로 떠오르면서 내국인은 물론 외국인들도 많이 찾고 있어 지금은 지역주민들로부터 보물단지처럼 사랑받고 있다.

05

화장실은 곧
사람이다

30여 년 전 대림요업에 근무하면서부터 화장실에 들어갈 때 기대 반 근심 반이 되고는 했다. 우리 회사에서 생산한 변기가 설치되어 있으면 그렇게 기쁠 수가 없었다. 변도 훨씬 잘 나왔다. 상대적으로 해외의 유명 호텔이나 관광지 화장실에서 이웃나라인 일본 회사에서 만든 변기를 만나면 어쩔 수 없이 기분이 언짢아지곤 했었다. 지금이야 외국에서도 우리나라 회사의 간판이나 광고를 쉽게 접할 수 있지만 1970년대에 해외에서 우리나라 기업의 광고판을 만날라치면 감동스러움에 눈시울을 적시던 것이 현실이었으니 말이다. 귀국해서 지인들에게 무용담처럼 경험을 떠들어대던 기억들도 주마등처럼 지나간다. 우리나라 화장실과 화장실문화를 보다 아름답게 바꾸어나가는데 앞장서 왔던 것도 어쩌면 이러한 마음이 연장되어서일지 모르겠다.

수년전 심사 차 들렀던 서울 봉은사 화장실에 '눈 덮인 길'이라는 시(詩)가 적힌 액자가 걸려있었다. 화장실을 깨끗하게 이용하자는 취지로 적힌 글귀였는데, 화장실 인생 30여 년을 마무리해가는 시점에서 돌아보니 마치 나 자신의 모습을 반추하는 글인 듯도 하다.

눈 덮인 들판 걸어가는 이여
그 걸음 어지러이 걷지 말 지어다
오늘 걸어가는 그 발자국
후세사람의 이정표가 될 지니

필자에게 우리나라 화장실문화 발전에 공이 있다면, 거꾸로 잘못된 부분에 대한 책임 또한 필자에게 있다는 사실을 부정할 수 없기에, 화장실 관련 교육을 하거나 심사를 할 때마다 눈 덮인 길을 생각하며 더 많은 준비와 정성을 기울여왔다.

깨끗하고 아름다운 화장실에서 만나는 현장 관리자들은 하나같이 긍정적이었고, 그러한 화장실을 갖춘 기관의 최고책임자도 화장실에 애정이 깊었다. 사람의 의지에 따라 얼마든지 이용자들에게 사랑받는 화장실을 만들 수 있다는 사실을 보여준다. 아름다운 화장실을 만들고, 관리하고, 이용하는 일에 대한 명확한 지침이 따로 있는 것이 아니라 한 사람 한 사람의 마음가짐에 달렸다는 의미이기도 하다. 카를 마르크스는 '지금까지의 철학은 세계를 해석해 왔으나, 지금부터의 철학은 세계를 변화시켜야 한다.'고 말한 바 있다. 우리의 화장실 문화운동도 마찬가지이다. 지금까지는 개선점만 추구해왔지만, 이제부터는 화장실을 변화시킨 우리의 힘으로 세계에 봉사하고 세상을 변화시키는데 앞장서야 한다. 이것이 우리의 화장실 문화운동이 나아가야 할 방향일 것이다.

하나의 화장실은 외부적으로 보면 콘크리트로 만들어진 건물이

◆ 화장실업무관련 중앙기관 및 단체

【 중앙기관 】

행정안전부 생활공간정책과 : 02-2100-4269

【 민간단체 】

문화시민운동 중앙협의회 : 02-703-1665

한국화장실협회 : 031-226-7001

화장실문화시민연대 : 02-752-4242

세계화장실협회 : 031-221-4051

해우재 박물관 : 031-271-9777

나 별도의 구역에 불과하다. 하지만 속을 들여다보면 화장실은 만드는 사람, 관리하는 사람, 이용하는 사람으로 구성된다. 이 세 요소가 각각 최선을 다할 때 아름다운 화장실이 만들어지고 유지관리되며 오래도록 보존된다. 즉 만드는 사람은 우리 가족이 사용할 화장실을 만든다는 심정을, 관리하는 사람은 우리 가족이 사용하는 화장실을 관리한다는 마음을, 그리고 이용하는 사람은 우리 집 화장실을 이용한다는 자세를 가질 때, 필자가 평소 주장하는 진정한 '화장실 도(道)'가 완성된다. 이러한 '화장실 도'가 우리 생활 속에 자리 잡게 된다면, 규제 중심으로 제정된 화장실관련 법률 등은 물론 지금 진행되고 있는 여러 종류의 화장실 문화운동도 더 이상 필요없지 않을까 하는 생각이다. 어쩌면 가까이 와있을지도 모를 그러한 미래의 성취를 기대해 본다.

【 참고문헌 】

⊙ **단행본·잡지**

『1.5평의 문명사』 줄리 L. 호란 지음 ┃ 남경태 옮김 ┃ 푸른숲 ┃ 1997

『클릭! 지구촌 화장실 문화』 사카모토 사이코 지음 ┃ 조의현 옮김 ┃ 자동차산업신문사 ┃ 2001

『동방 견변록』 사이도우 마사키 외 1인 ┃ 문예춘추 ┃ 2001

『동서고금의 화장실 문화 이야기』 장보웅 지음 ┃ 보진재 ┃ 1996

『동아시아 농업사 상의 똥 생태학』 최덕경 지음 ┃ 세창출판사 ┃ 2016

『뒷간』 김광언 지음 ┃ 기파랑 ┃ 2009

『똥』 랠프 레윈 지음 ┃ 강현석 옮김 ┃ 이소출판사 ┃ 2002

『똥 신드롬』 이규형 지음 ┃ 시공사 ┃ 1999

『똥도 디지털이다』 정윤희 지음 ┃ 영진POP ┃ 2014

『똥오줌 사용설명서』 조지 리치먼·애니시 셰스 지음 ┃ 이원경 옮김 ┃ 페퍼민트 ┃ 2012

『로마인 이야기』 시오노 나나미 지음 ┃ 김석희 옮김 ┃ 한길사 ┃ 1995

『박교수의 변소 이야기』 박승조 지음 ┃ 신광문화사 ┃ 1997

『북경 똥장수』 신규환 지음 ┃ 푸른역사 ┃ 2014

『세계에서 가장 위험한 화장실과 가장 멋진 별밤』 이시다 유스케 지음 ┃ 이성현 옮김 ┃ 홍익
　　　출판사 ┃ 2005

『세계 화장실 엿보기』 에비뉴먼 지음 ┃ 김은정 옮김 ┃ 경성라인 ┃ 2002

『신성한 똥』 존 그레고리 버크 지음 ┃ 성귀수 옮김 ┃ 까치글방 ┃ 2002

『입측오주』 김용국 지음 ┃ 세계화장실협회 ┃ 2008

『자연을 꿈꾸는 뒷간』 이동범 지음 ┃ 들녘 ┃ 2012

『호모 토일렛』 이상정 지음 | 진화기획 | 1996

『화장실의 역사』 야콥 블루메 지음 | 박정미 옮김 | 이룸 | 2005

『화장실의 작은 역사』 다니엘 푸러 지음 | 선우미정 옮김 | 들녘 | 2005

『화장실이 변한다』 야마모토 고헤이 지음 | 조의현 옮김 | 산본연구소 | 1990

『화장실이 웃는다』 Planning OM 주식회사 엮음 | 브리앙산업홍보실 | 2005

『COLORS, SHIT: A survival guide』 The dawn ltd | Fall | 2011

『The old farmer's Almanac』 ALMANAC.COM | 2017

『Toilets of the World』 Morna E. bregory and Sian James | Merrell published | lte | 2009

『東方見便録』 齊藤政喜 | 文藝春秋 | 2001

『日本トイレ博物誌』 阿木香 | INAX出版 | 1990

『ヨーロッパトイレ博物誌』 海野 弘 | INAX出版 | 1994

일본 화장실협회 애뉴얼 리포트 외 각종 심포지엄 자료

⊙ **신문기사**

「20대 男, 몰카 찍으려 술집 여자화장실에 침입했지만… 법원 '공중화장실 아니다' 성
　　　범죄 무죄」 동아일보 | 2016.2.1.

「231제곱미터(70평)아파트에 삼성TV-1000달러 수입변기」 동아일보 | 2013.11.28.

「24K 금박화장지 출시, 1롤에 26만원… 온라인 후끈」 문화일보 | 2014.4.4.

「강남역 10번 출구 '화장실 묻지 마 살인' 희생자 추모물결」 동아일보 | 2016.5.20.

「개성공단 화장지·비누 계속 사라지자 정부 '비용 댈 테니 가져가게 놔둬라'」 중앙일보
　　　| 2016.2.13.

「고종·의친왕 화장실서 거사 밀담」 중앙일보 | 2008.3.26.

「그날 충격에 화장실 문 열고 용변 : 포격후유증 심리치료 받는 연평도 피란주민들」중

　　　앙일보 | 2010.12.2.

「김두규 교수의 國運風水 : 재물이 넉넉한 집으로 만들고 싶다면 … 현관을 물걸레질

　　　하라」 조선일보 | 2014.1.4.-5.

「두루마리 휴지, 왜 끝이 바깥으로 오게 걸까?」 동아일보 | 2015.7.1.

「미 상원 여자화장실에 교통체증이 생겼다」 중앙일보 | 2012.11.28.

「민주 김영환 대변인 풍자시 '똥통인' 화제」 매일경제신문 | 2000.12.26.

「서울대 '대변 모집' 이색 공고 하루만에 '끝'」 동아일보 | 2014.7.7.

「'시험 중 소변 비닐봉지에 해결하라니' 고시 30년 관행에 反旗」 문화일보 | 2002.3.5.

「아무데나 쌀 줄 알았지? 개미도 화장실 만들어 쓴다」 조선일보 | 2015.2.23.

「여자화장실 훔쳐보다 지붕 무너져 변기로 떨어져」 문화일보 | 2013.5.1.

「오후여담 : 화장실 홍보대사」 문화일보 | 2009.11.10.

「용변 급해 교회 갔다 '절도미수죄' 변기숫자 맞춰 '누명' 벗고 무죄」

　　　문화일보 | 2004.11.16.

「우크라이나 상점 "푸틴 얼굴 그려진 화장지 등장"」 아시아투데이(인터넷신문) |

　　　2014.8.25.

「워싱턴포스트가 뽑은 올해의 황당 뉴스 : 화장실 변기에서 석유 콸콸」 중앙일보 |

　　　2004.11.27.

「위장전입은 반사회적 범죄다」 세계일보 | 2010.8.17.

「이미도의 인생을 바꾼 명대사: 다르게 생각하라(Think Different)」 문화일보 |

　　　2009.6.17.

「이젠 남자도 앉아야 할 때」 중앙일보 | 2013.9.13.

「인민들, 이젠 '탈북자가 부럽다': 인분까지 훔치는 北인민」 세계일보 | 2010.2.20.

「중계카메라 없는 화장실로 황병서 불러내라」 동아일보 | 2015.8.28.

「출근길 종각역 부근 아수라장 된 사건, 교통정리 女警 사연 들어보니」 조선일보 ㅣ 2010.1.26.

「한·일 '뒷간 마찰'」 조선일보 ㅣ 2015.12.14.

「'화장실 만들어 주셔서 감사' 큰절 올린 모디」 동아일보 ㅣ 2016.2.23.

「화장실문 고장 나 5일간 갇힌 여성 '아사직전' 구조」 동아일보 ㅣ 2013.10.26.

「화장실에 갇혀 새해 맞은 英간호사」 문화일보 ㅣ 2004.1.3.

「화장실은 되고 변소는 안 된다」 동아일보 ㅣ 2007.3.27.

「'휴지는 변기에 버리세요' 日호텔방의 한글 안내문」 조선일보 ㅣ 2014.3.15.−16.